# ARMONÍA
## versus
# ENTROPÍA
## "Destino infinito"

IVONNE SÁNCHEZ BAREA

# HARMONY versus ENTROPY
## "Infinite Destiny"

IVONNE SÁNCHEZ BAREA

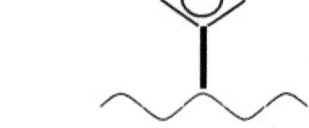

Copyright ©2015 Ivonne Sánchez Barea.
Derechos reservados - All Rights reserved.
ivonne.sanchez.barea@gmail.com
http://www.ivonne-art.com

All rights reserved. No part of this book may be reproduced in any manner without the express written consent of the Publisher, except in the case of brief excerpts in critical reviews or articles. All inquiries should be addressed to:

Pandora Lobo Estepario Productions, 1239 N. Greenview Ave. Chicago, IL 60642

All rights reserved.

ISBN: 1-940856-12-4
ISBN-13: 978-1-940856-12-4
Library of Congress Control Number: 2014922933

# DEDICATION

"A mis hijos / To my sons:
José Miguel y Luis Ignacio Ballesteros Sánchez"

## PRÓLOGO

Desde el primer momento que pude leer los escritos de Ivonne Sánchez Barea, me di cuenta que me encontraba en otro mundo muy diferente al de la literatura tradicional, y curiosamente muy diferente que el del arte expresivo que consiguen algunos escritores tanto de la poesía como de ciencia. Ivonne es muy original. Da rienda suelta a su imaginación describiendo las más sutiles y difíciles cosas de la naturaleza desde un prisma científico, pero dándoles un toque muy especial a sus versos, en los que uno se desliza como en un manjar muy apetitoso, pero que hay que saber digerir. La belleza de las palabras saltan por si mismas de las líneas a nuestra mente llenándonos de placer, pero ojo: no hay que cometer la torpeza de dejar volar nuestra imaginación sólo por el placer de la lectura de sus poemas; sería un error enorme en el que perderíamos la esencia misma de su trabajo, un trabajo determinantemente científico.

Ivonne se introduce en el cosmos, en el átomo, en la molécula misma del ser. Juega con las fórmulas de los más eminentes físicos dejando al lector esa sensación agridulce de que está percibiendo algo insólitamente nuevo. No importa lo que introduzca en sus versos, estos nos dan más de lo que imaginamos: son literatura y ciencia, son un exquisito compendio muy original en el que hay que premiar con una lectura pausada poniendo todo el corazón en ella, pero sin olvidar que la mente captará la sabiduría que los poemas de Ivonne encierran sin llaves ni secretos y que tan solo precisan, si la mente lo solicita, informarse de aquello que aunque es bello por sí mismo en la lectura, nos abrirá las puertas del saber, la humanidad y de la misma creación de la materia.

Relacionar a los más grandes hombres de ciencia con los que Ivonne nos brinda su saber, enunciando fórmulas que instruida y subliminalmente describe de cada uno, así como la gran complejidad algebraica; el lector al comenzar, ya desde la primera página y que se mantiene hasta el último de sus poemas, se encuentra con la compleja definición de un Dios omnipotente y responsable de la energía por la que se rige toda la ciencia..., describe la física tan permeable poéticamente que hasta los números primos nos parecen flores ordenadas en treinta y siete familias que se dividen por si mismos. Las leyes de la ciencia, de muchas, pero en especial de la física y biología, se allanan entre los entresijos de sus versos embelleciéndolos y aleccionando al verbo y la palabra. Nunca había podido tener la suerte de ver ese tándem en ningún escritor, quizás sea por no haber tenido la suerte, como es en este caso, de conocer una MUJER, con mayúsculas y con tan original talento. Pero independientemente de reconocer esa ignorancia, creo, doy por seguro que no hay dos con este arte tan peculiar, tan extraordinariamente difícil de llevar al campo de la belleza poemas en los que se mezclan la gravidez del ser, con el tiempo y el átomo, donde además nos demuestra que todo en el cosmos es geométrico y armónico.

En definitiva me he sentido feliz, con el calor de una nueva energía adquirida, saboreando palabra a palabra estos poemas acompañados de una salsa de ciencia que me ha invitado a un plato tan original, como el de los lectores que se presten a leer las páginas siguientes.

**Jonás Villarrubia Ruiz**
*Investigador de física en la termodinámica solar.*
*Autor de la turbina JVR y la Torre Solar del mismo nombre.*

## PROLOGUE

From the first moment I read the writings of Ivonne Sanchez Barea, I realized that I was in a very different world to that of traditional literature and interestingly very different from that of expressive art that writers articulate in both poetry and science. Ivonne is very original. Unleashes her imagination by describing the most subtle and difficult things in nature from a scientific prism, but with the special touch of her verse, in which one glides like a very appetizing dish, that you need to know how to digest. The beauty of the words themselves leap to mind with lines filling us with joy, but beware: do not make the mistake of letting your imagination go just for the pleasure of reading her poems; it would be a huge mistake, if we lose the very essence of her work which is, a determinedly scientific work.

Ivonne introduces herself into the cosmos, into the atom and in the very molecule of being. Plays with the formulas of the most eminent physicists leaving the reader that bittersweet feeling that one is perceiving something unusually new. No matter what one reads in her verses, they give us more than we think: literature, poetry and science, in an exquisite highly original compendium to read and relish with a slow reading, putting all of one's heart into it, "without forgetting that mind captures" the wisdom that Ivonne's poems enclose without riddle or secrets, but that which only requires, if requested by the mind, to learn that what is beautiful by itself in reading, would open the doors of knowledge, humanity and the very creation of matter.

To relate the greatest men of science with whom Ivonne offers her knowledge, stating formulas that educated and subliminally describes each of them as well as their great algebraic complexity. Readers, at the beginning, and from the first page and until the last of her poems are faced with the complex definition of a God omnipotent and responsible of all energy by which science is governed, she describes the physics as poetical and permeable that even prime numbers begin to appear like flowers arranged in thirty-seven families into who themselves are divided. The laws of science, of many, especially in physics and biology, are smoothed as she curves between the intricacies of her embellishing verses instruct the verb and the word. I never have had the chance to see the tandem in any other writer, perhaps it is because I have never had the luck, as in this case, to meet a WOMEN, with capitols, with such original talent. However, regardless of recognizing that ignorance, I think, I assured that there is no two with this so peculiar art, so extraordinarily difficult to bring the field of beauty into poems in which the gravity of being, time and the atom are mixed, where she further demonstrates that everything in the cosmos is geometric and harmonic.

Ultimately, I felt happy with the warmth of a new acquired energy, savoring word by word these poems accompanied by a sauce of science that has invited me to such an original dish, like the readers who pay attention in the following pages.

**Jonas Ruiz Villarrubia**
Research in solar physics thermodynamics.
Author of the Solar Tower JVR and turbine of the same name.

## POÉTICA
"Armonía versus Entropía – Destino Infinito"

Al lector, pido desde mi esencia; sensibilidad, laxitud y ejercicio mental para leer estos versos. Poemas configurados a partir de las formulaciones matemáticas, conceptos filosóficos de la ciencia, que evocan en el ser humano, su identidad pensante.

Conjugo; creatividad y el razonamiento, un viaje que iniciaron las civilizaciones desde el principio de los tiempos. Capto la luz e intento lanzarla hacia el infinito, tintineante como una pequeña luciérnaga. A veces me siento aleteando como un colibrí en estático vuelo... percibo el instante queriendo habitar la proporción, entrando en la esfera. Consciente de la exactitud de los números, de la geometría; inhalo y exhalo la relatividad del tiempo y el espacio. Me afirmo viva, entera, desde mi género humano. Construyo un arca en la que quisiera acoger a los desterrados del holocausto del pensamiento. Desnudo hoja a hoja, hasta llegar al corazón de las margaritas, y entro en el espiral de mis oraciones, rezando, hacía lo más interno, retroalimentando mis energías vitales. Otras veces me percibo como campana, resonando en mi palacio imaginado, llegando a un éxtasis por encontrar respuestas. Sí, como ente, me quiero hacer visible, salir del cascarón, del lapso que ocupo y darle vida a los fríos conceptos. Así, en un ejercicio sometido a la verificación; desnudo al árbol, analizo el fractal, tejo la tela de araña y en un mínimo efecto mariposa, desde el caos que nos rodea quiero dinamizar la entropía y armonizarla.

Siempre dejo las puertas abiertas con el fin de continuar los viajes: poéticos, artísticos y científicos. Aliento al mundo para que utilicen sus "llaves" y entren a sus propios templos, esgriman el "poder" de imaginar, se expresen dando voz a los ritmos (Sístole y Diástole), creando cantos, desde la singularidad individual, hasta la colectividad de los multi - universos que ocupamos.

Tan solo me considero herramienta del azar, mensajera con voz silenciada, destinada a realizar el intento de armonizar la vida, y quizás como persona, deje una "Nano" huella en el plasma, o más allá, en la memoria de la quinta esencia, el éter.

Desde los cuestionamientos que abarcan mis estancias mentales; Me pregunto: -¿Cuál es mi papel o tarea en esta micra temporal de la cosmogonía del Siglo XXI en la que me encuentro?-. Creo, que aquí solo dejo pequeñas claves de mi espiritualidad y pensamiento. El dis – curso apenas se ha iniciado.

Te invito entres en el Espacio-tiempo y hagas el viaje infinito. El eterno destino será Armonía. ¿Jugamos a pensar?-.

**Ivonne Sánchez Barea**

## POETICS
"Harmony versus Entropy – Infinite Destiny"

To the readers, I ask from my heart; sensitivity, lassitude and mental exercise to read these verses. Poems configured from mathematical formulations and philosophical concepts of science that evoke in the human being a journey into its thinking identity.

Conjugating creativity and reasoning in a journey of civilization since the beginning of times. If we capture light and try to throw it into infinity, tinkling like a little firefly, maybe we can see feather. At these pages, sometimes, we can feel, fluttering as hummingbirds in static flights... or perceiving moments trying to inhabit the proportion or entering the sphere. Aware of the accuracy of the numbers, of geometry; also we inhale and exhale the relativity of time and space. Writing this book, I affirm myself: alive, complete from humanity, building an arc in which all would like to welcome the exiles of the holocaust of thought. Maybe strip, sheet by sheet, until arriving to the heart of the daisies, entering into the spiral of litanies, praying, towards the innermost, feeding vital energies. Other times, as a bell resounding in our imagined palace, reaching the trance to find answers. Yes, as alive bodies, visible, to brake shells of the lapse we occupy and give life to the cold concepts. Thus, in an exercise subject to the verification: bare the tree, analyze the fractal, we weave the spider web or a butterfly effect from the chaos that surrounds us, dynamics the entropy and harmonize it.

Leaving the door open in order to continue the journeys: poetic, artistic and scientific, I encourage the world to use its "keys" and enter their own sacred temples; to wield the "power", to imagine, giving voice to express the rhythms (systole and diastole), creating songs, from individual uniqueness to the community of the multi - universes we occupy.

Considering myself only as a tool of randomness, a messenger with a silent voice, destined to make an attempt at harmonizing life, and perhaps, as a human been who leave a "Nano" footprint in the plasma, or beyond, in memory of the ethereal quintessence of ether.

From the questions that encompass my mind's abodes, I wonder: What is my role or task in this temporary micron of the XXI century's cosmogony in which we find ourselves? -. I believe that here, between these pages, there are small clues of spirituality and thoughts. The dis - course has just barely begun.

I invite you to come into the Space-Time and to take the infinite journey. The infinite destiny will be Harmony.

Shall we play at thinking?

**Ivonne Sánchez Barea**

# POEMAS / POEMS

## INSTANTE

Si el plano terrenal doblase esquinas,
si abriesen las cancelas y las vallas,
si cruzasen los puentes sobre mares,
si viajásemos más veloz que la micra,
¡Sí!, sí seríamos dueños del instante.

## INSTANTLY

If the earthly plane could turn corners,
if the flood gates and fences were opened,
if bridges crossed over the seas,
if we traveled faster than the micron,
Yes! yes, we would be owners of the instant.

*En general, si **A** es Hermitiana y definida positiva, entonces **A** puede ser descompuesta como: **A=LL**  o Matriz Conjugada y **LL** es conjugada transpuesta...*
**André-Louis Cholesky,** Francia (1875-1918) **Matemático e Ingeniero**

## ENTROPÍA MÉTRICA DEL BRÓCOLI

Del microcosmos hacia el átomo;
el fractal se auto asimila,
isometría, módulo de distancia,
conjunto cerrado no compacto,
    **Espacio métrico.**

Robusto atractor no vacío,
juego de caos en algoritmo,
sistema de funciones iteradas,
conjunto finito indexado,
espacio topológico, apretado,
    **Brócoli.**

Matriz de covariancia diagonal,
rotación, vectores, propios,
transformación afín.

Triangulares descompuestas,
sistema de ecuación lineal,
columnas de "eles" alineadas,
sumadas o restadas;
parte y segmento del sistema sigma;
    **Entropía.**

> *In general, if **A** is Hermitian and positive definite,*
> *then **A** can be decomposed as:*
> ***A** = **LL** Matrix or Conjugate and **LL** is conjugate transpose ...*
> **André-Louis Cholesky,** France (1875-1918) **Mathematician /Engineer**

## METRIC ENTROPY OF BROCCOLI

From microcosm to the atom;
fractal self-assimilation,
isometric, distance modulus,
non-compact closed set,
      **Metric space.**

Robust nonempty attractor
chaos game algorithm
iterated function system,
indexed finite set,
topological, tight space,
      **Broccoli.**

Diagonal covariance matrix,
rotation, vectors, themselves,
affine transformation.

Decomposed triangular
equation line system,
columns of "L's" aligned,
added or subtracted;
sigma part organization;
      **Entropy.**

## DODECAEDRO

Sólido platónico,
panal de abejas,
anisotropía del universo,
elástico denso en esfera homológica.

Híper esfera,
variedad compacta,
cristal de hielo,
topológica y diferenciable,
curva y superficie cerrada.

Espacio "Euclídeo" local,
adición de vectores,
quinto postulado,
geometría hiperbólica,
código natural,
simetría de moléculas.

En el libro;
   "El todo es mayor que la parte",
   "cero" alejado de las ultra paralelas,
   geodésica, trigonometría esférica,
   pares de puntos opuestos:
        antípodas.

Elementos; filosofía de "Euclides",
   "trívium" y "quadrivium":
      siete artes, tres vías, cuatro caminos.

"El nigromántico" del astrólogo
Enrique de Villena,
Maestre de Calatrava
     y los padres de la iglesia
     escuela megárica.

Rueda en la tierra,
globo en el aire,
ascua sobre el fuego,
barco en el océano.

## DODECAEDRO

Platonic solid,
honeycomb,
anisotropic of the universe,
homological dense elastic sphere.

Hyper sphere,
compact manifold,
ice crystal,
topological and differentiable,
curve and closed surface.

Locally "Euclidean" space,
addition of vectors,
fifth postulate,
hyperbolic geometry,
native code,
symmetry of molecules.

In the book;
  "The whole is greater than the part",
  "zero" away from the ultra parallels,
   geodesic, spherical trigonometry,
   pairs of opposite points:
            antipodes.

Elements; philosophy of "Euclid",
         "trivium" and "quadrivium":
             seven arts, three ways, four roads.

"The necromancer" astrologer,
Enrique de Villena,
Master of Calatrava
         and the fathers of the church,
              megarian school.

Wheel on the earth,
globe in the air,
ember over fire,
sailboat on the ocean.

*"La geometría tiene dos grandes tesoros: uno es el teorema de Pitágoras;*
*el otro, la división de una línea entre el extremo y su proporción.*
*El primero lo podemos comparar a una medida "oro";*
*el segundo lo debemos denominar una joya preciosa" (El misterio Cósmico)*
**Johannes Kepler,** Alemania (1571-1630) **Astrónomo y Matemático**

## PROPORCIÓN AUREA

Omnipotente
unicidad de Dios,
marcada por la raíz de cinco estrellas.

Ecuación binaria,
número irracional algebraico,
divina proporción, cifra oro.

Valor místico del orden natural,
llave de la física y el cosmos,
trinidad inconmensurable,
sistema solar, joya preciosa de "Kepler".

Unidad angular y pentagrama,
hombre de Vitrubio,
relación estelar;
decágono y dodecaedro.

Diez triángulos isósceles
en simetría infinita,
aparente círculo sin fin,
programación dinámica,
camino corto del grafo.

Óptimo principio,
voraz estrategia,
"dividiendo vencerás".
En subsecuencia encadenada;
rosa, piña, caracol y nido de abejas.

Espiral en consecuencia,
masa sonora en sinfonía;
catenaria, curva inversa,
ciencias y artes comulgadas.

*"Geometry has two great treasures: one is the Pythagorean theorem;
the other, a line dividing between the tip and its proportion.
The first thing we can compare to a measure "gold";
the second one we call a precious jewel" (Cosmic Mystery)*
**Johannes Kepler,** Germany (1571-1630), **Astronomer/ Mathematician**

## GOLDEN RATIO

Omnipotent
oneness of God,
marked by the following five-star root.

Binary equation,
algebraic irrational quantity,
divine proportion, exact number.

Mystical value of the natural order
physics' key, and the cosmos,
immeasurable trinity,
solar system, "Kepler's" precious jewel.

Angle unity and pentagram,
Vitruvian Man,
stellar relationship;
decagon and dodecahedron.

Ten isosceles triangles
in infinite symmetry,
apparently endless circle,
dynamic programming,
short path of the graph.

Optimal law,
greedy strategy,
"divide and conquer."
In subsequent chain;
pink, pineapple, shell and honeycomb.

Consequential spiral,
sound symphony mass,
catenary, conversely curve,
communion of sciences and arts.

Historia de los tiempos,
filosofía del saber;
mente, moral y estética
verdad y amor,
lenguajes de la existencia.

-"El cuadrado de la hipotenusa
es igual
al cuadrado de la suma de los catetos"-

Fórmula:
divina proporción,
proporción Áurea.

History of times,
philosophy of knowledge;
mind, moral and aesthetic,
truth and love,
languages and existence.

-"The square of the hypotenuse
is equal
to the square of the sum of the sides"-

Formula:
divine proportion,
Golden mean and Ratio.

> *Las matemáticas son una gimnasia del espíritu*
> *y una preparación para la filosofía.*
> **Isócrates,** (436 AC-338 AC), **Orador Ateniense**

## NÚMEROS PRIMOS

Serie ordenada,
entes abstractos,
elementos de un conjunto,
divisible en sí mismos,
enteros y positivos.

El dos;
único par primo y primario,
paralelo, gemelo de diferencia
entre primos hermanos.

Son treinta y siete
los primos conocidos de "Mersenne",
primera familia de enteros,
únicos compuestos.

Conjeturas e hipótesis
de infinitud;
entre "Fibonacci" y "Euclides",
primordial supuesto.

    Anillos perfectos,
    cuerpo valorado,
    nudo primo, factor análogo.

    Integridad conmutativa,
    herramienta algebraica
    movimiento natural y exacto.

    Música,
    ritmo simultaneo,
    soledad críptica,
    poema matemático.

> *Mathematics is a gym spirit and a preparation for philosophy.*
> **Isocrates,** (436 BC-338 BC), **Orator Atheniensis.**

## PRIME NUMBERS

Ordered series,
abstract entities,
elements of a set,
divisible in themselves,
positive integers.

The two;
only kin and primary pair,
parallel, twin difference
between first cousins.

They are thirty-seven
the known cousins of "Mersenne",
first family of integers,
unique compounds.

Conjectures and hypotheses
of infinity;
between "Fibonacci" and "Euclid",
primary course.

>   Perfect rings,
>   body valued,
>   knot partner, similar factor.

>   Commutative integrity,
>   algebraic tool,
>   natural and precise movement.

>   Music,
>   simultaneous rhythm,
>   cryptic loneliness,
>   mathematical poem.

## ESFERA INVADIDA

Sí entráramos en la esfera,
al cuerpo geométrico limitado;
Equidistamos en el centro revolucionado,
y cómo "Euclides",
giramos alrededor del diámetro.

Tridimensional espacio,
en intersección seríamos;
teorema de "Pitágoras" seccionados.

Seríamos punto original,
ecuador y polos sin ángulos,
brazos en arco,
latitud, longitud
y meridianos.

Eje y vector en el espacio,
mundo en intervalo,
grados y coordenadas,
círculo en volumen y radio;
combinación de 2PI al cuadrado.

Sí entráramos en la esfera,
paradoja disjuntas;
dos a dos partidos en ocho,
conjuntos,
axiomas,
seres humanos.

## SPHERE INVADED

If we enter the sphere
to the limited geometric body;
Equidistant the revolutionized center,
and as "Euclid" thought,
we would turn around the diameter.

Three dimensional space,
we would intersect;
sectioned as a "Pythagorean" theorem.

We would be original point,
equator and poles without angles,
our arms, bowed;
latitude, longitude
and meridians.

Axis and vector in space,
world range,
degrees and coordinates,
volume, circle and radius;
2PI combination squared.

If we enter the sphere,
disjointed paradox;
two to two divided in eight,
sets,
axioms,
humans beings.

## VOCES en ARCO

Entre el blanco y el negro
contenido todo el arco.

Sean las flechas poemas,
sean las voces, cimbras en pentagramas;
blanco vestido de negro,
negro ataviado de blanco,
tintes alucinados.

## ARC VOICES

Between black and white
the entire arc contained.

Let arrows be poems,
let the voices be, centering´s in pentagrams;
white dressed in black,
black attired in white,
hallucinated tints.

*A la Filosofía Natural de los Principios Matemáticos*
*"armonía invisible del logos"*
desde **Pitágoras , Heráclito hasta Newton, Einstein, Hawking**

## SOMOS ALGEBRA

Somos múltiplos de diez,
común divisor de uno,
suma de unidades y primos,
resta de cero como resultado.

Unimos ángulos y rectángulos,
haciendo del círculo
un mundo apaciguado.

Sacamos del cuadrado, su raíz,
compendiamos ciencias del saber,
de nuestras casas, polígonos,
polígonos abiertos y redondeados.

Somos conjuntos albergados; mies,
principio de equilibrios,
luz de razón, orilla de sargazo,
potencial racional y práctico.

Fuerza centrípeta,
cuerpos proyectados,
geometría en llanto,
ciencia y consciencias en movimiento
doctrinas de principios y átomo.

Somos materia de cuerpo centrado,
natural gravidez,
proporcionado tiempo,
y éter del espacio.

*(Finalista Premio Luna Azul de Poesía – Zaragoza)*

*The Natural Philosophy of the Mathematical Principles –*
*"Invisible harmony logos"*
**from Pythagoras, Heraclitus to Newton, Einstein, Hawking**

## WE are ALGEBRA

We are multiples of ten,
one common divisor,
sum of units and primes,
zero subtraction as a result.

Join angles and rectangles,
making of the circle
an appeased world.

We take the square out of its root,
summarize sciences of knowledge,
our homes, polygons,
open and rounded polygons.

We are housed sets; seeds,
balance principle,
light of reason, kelp shore,
potential rational and practical.

Centripetal force
projected bodies,
geometry in tears,
science and consciences in motion,
doctrines of principles and atoms.

We are matter of body-centered,
natural gravidity,
time provided,
and ether of space.

*(Award Finalist Blue Moon Poetry - Zaragoza)*

## RELATIVIDAD

Inercia básica del espacio,
relativo tiempo no ceñido,
sistema arbitrario en referencia.

Gravitación general curvada,
línea en el plano eclíptico;
trama, red, vórtice, caracol de agua.

Curvado espacio,
presionado gas,
partícula cósmica;
sobre las estrellas
bailamos y lloramos.

## RELATIVITY

Inertia's basic space,
relative time without constraints
arbitrary reference system.

Gravitation generally curved,
line in the ecliptic plane;
frame, net, vortex, water snail.

Curved space,
pressured gas,
cosmic particle;
over stars,
we dance and cry.

## RESPIRAMOS

Inspiremos,
    en un arco temporal,
        lluvia de segundos,
            con nuestro trayecto;
                cósmico y finito.

            Expiramos.

## WE BREATHE

    Let´s inspire,
      a temporal arc,
        seconds' shower
          with our flight;
            cosmic and finite.

          We expire.

*El adjetivo Akásicos que proviene de akasa,
un término existente en el antiguo idioma sánscrito de la India, que significa éter.
Neologismo acuñado por la* **Teósofa** *Británica,* **Annie Bésant** *(1847-1933)*

## CAMPOS AKÁSICOS

Realidad transformada,
nuevos paradigmas, cronos,
modelo alterno,
ultra dimensionalidad.

Primero y fundamental;
historia de la historia,
elementos del espacio y tiempo.

Memoria holográfica de las estrellas,
permanecen trazadas en ejidos,
campos akásicos;
gravitatorios, electromagnéticos,
hacia las glebas nucleares,
regiones cuánticas,
…otros huertos.

Campos continuos, contiguos,
unidos por fuerzas y vientos,
enlazan, trasmiten información,
a la vida de la vida.

Dibujamos en el éter
huellas trasmisibles,
herencia trasmutada y transferible;
ánimas de los universos.

*The Akashic adjective that comes from akasa, an existing term in the ancient Sanskrit language of India, which means ether.*
Neologism coined by the British **Theosophist, Annie Besant** (1847-1933)

## AKASHIC FIELD

Transformed reality,
new paradigms, chronoscope,
alternative model,
ultra-dimensionality.

First and foremost;
history of history,
elements of space and time.

Holographic memory of the stars,
remain laid in the meadows,
akashic fields;
gravitational, electromagnetic,
nuclear greaves,
quantum regions,
... other orchards.

Continuous, adjacent leas
united by forces and winds,
link, transmit information,
to the life of life.

We draw in the ether
communicable traces,
transmuted and transferable heritage;
souls of the universes.

## SOMBRA AÑIL

Las entornadas puertas que nos llaman,
sesgados instantes, su azul pálpito...
sombras añil del ángulo dormido,
ciega oscuridad en la luz y fuego.

Los trayectos, en albores vecinos,
penitentes en oración que acallan,
en clarividentes miradas romas,
llanto de almas, ocultan los sentires.

Abrirán las cancelas, las cadenas,
navegados opacos devenires,
embarcados en la hechura ya cortada,
desmoldando carnes y costumbres.

Aprendices, tentación en sierpe,
con las risas fatuas y locos besos,
nunca sea más infierno, ese dolor,
enterrado en soledad postrera.

## INDIGO SHADOW

Ajar doors are calling,
sideway instants, blue hunch ...
indigo shadow of a sleeping angle
obscure blindness in the light and fire.

Journeys in neighboring dawn,
penitents in prayer silenced,
in clairvoyant dull looks,
crying of souls, hide the feelings.

They will open the gates, the chains,
navigated opaque becoming's,
engaged in the seams already cut
unmolding skins and customs.

Apprentices of temptation's serpent
with the foolish laughter and wild kisses,
never more hell, that pain,
buried in perennial loneliness.

**$6{,}022212 \times 10^{23}$**

Número Avogadro;
treinta y dos gramos de oxígeno,
unidad básica, mol,
vínculo entre escalas:
pequeñeces atómicas, microscópicas.

Química analítica,
energía de las especies;
azúcar, terrón húmedo,
gota de agua,
dulce miel.

Incertidumbre del valor
constante de Planck,
atmósfera.

Celda cúbica,
distancia entre los planos,
con data, cristal,
gas ideal, masa y rayos.

Gelatina de limón entre los labios.

## $6{,}022212 \times 10^{23}$

Avogadro's number;
thirty-two grams of oxygen,
basic unit, mole,
link between levels:
microscopic, atomic smallness.

Analytical chemistry,
energy of the species;
sugar, wet lump,
drop of water,
sweet honey.

Uncertainty value
Plank constant,
atmosphere.

Cubic cell,
distance between the planes,
with data, crystal,
ideal gas, mass and rays.

Lemon jelly between the lips.

*La partícula divina: Si el universo es la respuesta, ¿Cuál es la pregunta?*
**León Max Lederman,** Nueva York, (1922) –**Premio Nobel en Física 1988**
*El modelo estándar, intentan explicar la razón de la existencia de masa en las partículas elemental. Esta teoría sugiere que un campo impregna todo el espacio, y que las partículas elementales que interactúan con él adquieren masa, mientras que las que no interactúan con él, no la tienen.*
**Peter Higgs,** New Castle, Reino Unido (1929- ) **Físico**


## BOSÓN de HIGGS

Si las almas son campos o espacios,
y llenos están de materia oscura,
de los viajes intergalácticos;
éstas son las partículas de Dios.

Creador de ámbitos siderales
sin distancias y sin tiempos,
en las nubes de gluones: hadrones,
mesones, quarks y antiquarks, átomos,
partículas, migajas de viento.

Trituplan en relación binaria:
nodos y multigrados, los grados;
grado de libertad o esfumado;
velocidad, espacio y ciclo.

Gravitación relativa, el fotón,
sembrados campos de color: rojo,
verde, azul... son anti color: el cian,
el magenta y amarillo oro.

Es constante acoplamiento y carga,
los eléctricos rayos cósmicos;
Más veloces que la micra iremos,
en el viaje de los pensamientos.

Son ergo esferas y supernovas,
el suceso horizontal que acopla,
elipsis en agujeros negros,
desde los tiempos, para los tiempos.

*The God Particle: If the universe is the answer, what's the Question?*
**Leon M. Lederman,** New York, (1922) **-Prize Nobel in Physics 1988**
*The standard model, try to explain the reason for the existence mass in elementary particles. This theory suggests that a field permeates all space, and elementary particles it interacts with mass gain, while not interact with it, do not.*
**Peter Higgs,** New Castle, United Kingdom (1929 –) **Physic**

## HIGGS BOSON

If souls are fields or spaces,
and are full of dark matter,
of intergalactic journeys;
these are particles of God.

Creator of sidereal areas
of no distance and no time,
in the clouds of gluons: hadrons,
mesons, quarks and antiquarks, atoms,
particles, crumbs of wind.

Three planes in binary relation:
nodes and multi-grade, grades,
freedom degree... gone;
speed, space and age.

Relative weight, the photon,
fields planted of colors: red,
green, blue... are anti-color: cyan,
magenta and gold yellow.

Is in constant coupling and load,
the electric cosmic rays;
Faster than a micron we go;
on the journey of the mind.

They are ergo spheres and supernovae,
the horizontal blend event,
ellipsis in black holes,
from the times, to the times.

Rotación inversa,
nada es todo
y todo es nada,
son desiertos,
entre los cosmos sin vacíos,
son,
entre los cosmos plenos,
¡Sí, son!

(2011)

Inverse rotation:
nothing is everything
and everything is nothing,
all deserts,
non emptiness,
are,
no gaps between the full cosmos,

Yes! They are!

(2011)

## ALUMBRADA IDEA

En la bruma empañada
de reglones paralelos,
alineo las palabras
ordenando pensamientos.

Sentimientos esgrimidos
en grafos y en versos,
encamino las manos
sobre desordenadas teclas.

Me hallo en penumbra;
alumbrada la idea
de números y letras;
abro cancelas,
atravieso las puertas,
y viajo los mundos
de matemáticos
y filósofos.

Encuentros con;
    el caos, los lapsos y tiempos.
Descubro,
    que no existe el espacio finito.
La frontera está,
    donde el interés pierde su brújula,
    o la memoria el recuerdo.

## LIGHTED IDEA

In the clouded haze
from parallel screed,
I line up the words
ordering my thoughts.

Wielded feelings
in graphs and verses,
I encourage the hands
over disordered keys;

I find myself in penumbra,
the enlightened idea,
of numbers and letters;
I open gates,
go through doors
and travel the worlds
of mathematicians
and philosophers.

Meetings with;
    the chaos, the lapses, the times.
I discover,
    that infinite space does not exist.
The frontier is,
    where interest loses its compass,
    or memory its remembrance.

## RELOJ

Rondo el tiempo de la cuerda,
enroscada en las agujas;
de puntillas, atada al eje y a la rueda.

Hago trueque con las horas,
negocio el minuto instante,
un segundo eterno y constante.

Se hundieron los dedos,
en la masa tierna de la carne,
alzando alto el ánima hacia el aire.

Revelaron el tiempo las arrugas:
de mi estancia y mi cuaderno,
dos siglos por caminos y universos.

## CLOCK

Prowling the time of our ropes,
coiled on the needles;
on tiptoe, tied to axis and wheel.

I barter with the hours,
I negotiate the minute's instant,
a second eternal and constant.

Fingers sank,
on the tender mass of our flesh
lifting high the soul towards the air.

Time revealed the wrinkles:
of my station and my notebook,
two centuries through paths and universes.

> *Las matemáticas son el alfabeto con el cual Dios ha escrito el Universo.*
> **Galileo Galilei,** Italia (1564-1642) **Físico y Astrónomo.**

## MATEMÁTICAS CHINAS

Varillas matemáticas;
números, del uno al nueve,
notación de posición decimal,
inventando el vacío como hueco.

Pares femeninos,
ocho de buena suerte,
masculinos impares,
"Sudoku", que suma quince,
caparazón de tortuga inscrita.

Astrónomos y matemáticos,
estudiosos de los días,
en progresión geométrica,
crean calendarios.

Monedas, distancias,
peso, comercio, impuestos,
y gobiernos de imperios.

Crucigramas crípticos,
ecuaciones,
teorema del resto;
    tres, cinco, siete…
    cincuenta y dos.

Medición planetaria,
estaciones, años,
cinco elevado a la segunda potencia,
medición del mundo conocido,
"Chin Yu" y Muralla China.

Armonía, filosofía y pensamiento,
regalo de cálculo y conocimiento
en exacta imposición numérica.

> *Mathematics is the alphabet with which God has written the universe.*
> **Galileo Galilei,** Italy (1564-1642) **Physic and Astronomer.**

## CHINESE MATHEMATICS

Mathematics rods,
numbers from one to nine,
decimal notation,
inventing the hollow as void.

Female pairs,
eight for good luck,
male non pairs,
"Sudoku", that sum as total fifteen,
inscribed tortoise shell.

Astronomers and mathematicians,
students of the days,
in geometric progression,
created the calendars.

Currency, distance,
weight, trade, taxation,
and governments of empires.

Cryptic crossword
equations,
remainder theorem;
    three, five, seven…
    fifty-two.

Planetary measurement,
seasons, years,
five elevated to the second power,
size of the known world,
"Chin Yu" and the Chinese Wall.

Harmony, philosophy and thinking,
gift of knowledge, of calculus,
at the exact number imposition.

## VIAJE

De las estrellas nació;
y sobre el planeta azul;
de agua, semillas y cielos.

Viaje estelar y parto,
colores y banderas,
ámbitos de albor vivir.

Ramal apaciguado,
vivencias recosidas,
tierras de las que partir.

Volar sobre los reinos,
los predios caminados,
sin fronteras existir,
andando va en vuelos.

Licencias por escritos,
desvelados en el tul;
luz, poemas y versos.

## TRIP

Born of stars;
in the blue planet;
from water, seeds and skies.

Stellar travel and birth,
colors and flags,
environments of life's dawn.

Tree branch appeased,
re stitched experiences,
lands from which to depart.

Flying over the kingdoms,
step by step, grounds,
without borders to exist,
walking goes our flights.

Licenses for writings,
disclosed through tulle;
light, poems and verses.

## INVISIBLE

Invisible apareces en las horas,
perdidos en el tiempo de sin tiempo,
no encontramos, ni hallamos la presencia,
y duele la distancia y el silencio.

Antepuesto desafecto en gran campo,
los surcos de las huellas despojadas,
nuestra suerte en el despego evidencia,
serena se desvían las miradas.

Amoldados los caprichos de la historia,
conformes con migajas y recuerdos,
se ahondan las visiones en un hueco,
disipando respetuosos de tu vuelo.

Adaptados al destino que se impone,
al margen del acuerdo, él se queda,
espera de un capricho improcedente,
concilio de las almas en lo eterno.

Unión de raíz con los afectos;
a la tierra, los lagos y los montes,
una cruz deslizada en horizontes,
apodamos de sin nombre el domicilio.

## INVISIBLE

Invisible you appear amongst the hours,
lost in the time of without time,
we cannot find nor place, not presence,
and it hurts the distance and the silence.

Prefix disaffection in large field,
the grooves of the stripped footprints,
our luck at the detached evidence,
serene eyes are averted.

Molded the vagaries of history,
satisfied with crumbs and memories,
visions profoundly will delve into a hole,
dissipating respectful of your flight.

Adapted to destiny that imposes,
at the margin of the agreement, he stay,
waiting of an unfairly whim,
council of souls in the eternal.

Root attachment with the affections;
to land, lakes and mountains,
a cross slipped into horizons,
nicknaming without name or domicile.

*Las matemáticas poseen no sólo la verdad, sino cierta belleza suprema.*
*Una belleza fría y austera, como la de una escultura.*
**Bertand Russell,** Reino Unido (1872-1970), **Filósofo, Matemático y Escritor**

## MATEMÁTICAS INDIAS

Desarrollada notación posición decimal,
lenguaje universal.

Número "0" grabado en el templo,
vacío sustituido por el grafo circular,
huella de piedra, hueco… singular.

Idea y símbolo;
concepto de la "Nada" y la "Eternidad",
religión y filosofía del vacío: "Sunyía".

-.Uno más cero igual a uno,
Uno menos cero igual a uno,
Uno por cero igual a cero,
Uno dividido entre cero es igual a INFINITO.-

"Báscara": concepto y destino.

Números negativos … del adeudo,
ecuaciones de "Bragmagucta",
segundo grado,
X - Y,
colores y símbolos.

Teorías trigonométrica,
diccionario de la geometría,
estudio de los triángulos rectángulos,
funciones del SENO,
proporción uno a dos,
distancia, observatorio de estrellas.

Suma infinita de fracciones,
series;
número PI,
"Marama"
longitud de circunferencia y diámetro.

*Mathematics possesses not only truth, but supreme beauty some.*
*A beauty cold and austere, like a sculpture.*
**Bertrand Russell,** United Kingdom (1872-1970), **Philosopher/Mathematician and Writer**

## INDIAN MATHEMATICS

Developed decimal positional notation,
universal language.

Number "0" engraved on the temple,
emptiness substituted by the circular graph,
traces of stone, hollow ... singular.

Idea and symbol,
concepts of "Nothing" and "Eternity",
religion and philosophy of emptiness: "Hsunyi".

-. One plus zero equals one,
One minus zero equals one,
One multiplied by zero equals zero,
One divided by zero equals INFINITY.-

"Bascara": concept and destiny,

Negative numbers... of debt,
equations "Bragmagucta",
quadratic,
X - Y,
colors and symbols.

Trigonometric theories,
geometric dictionary,
study of triangles rectangles,
SINE function,
proportion of one to two ...
distance, star observatory.

Infinite sum of fractions,
series,
PI number,
"Marama",
length of circumference and diameter.

> *Nos encontramos con un principio y fin, el todo y la nada, así como el infinito donde participan el azar y el determinismo, tanto en la materia como en la energía, así como en la función psíquica o mental y en todo ese maravilloso complejo mundo que hasta ahora conocemos: el ser humano. (Azar Determinista – El Lazo del Destino)*
> **Guillermo Sánchez Medina** Colombia (1926 - )
> **Miembro Honorífico – Academia Nacional de Medicina de Colombia**

## PRINCIPIOS y FINES
### Tarde o temprano

Apuntalada estancia,
peregrino devenir,
tránsito, romería,
pensamiento desatado.

Seis sentidos despiertos,
dedos resbalan por
desnudos y lisos cedros,
grafitos envueltos en maderas.

Abriendo hojas del olvido,
coleccionadas las venas,
cartapacios sin portadas...
endurecidos versos.

Es el principio intrínseco
de la palabra escrita,
los dibujados círculos,
los caminos apelados.

A través de campo santo,
llega limpio el pensamiento,
entre el TÚ y el YO,
somos uno, en el NOSOTROS,
para hacernos un entero.

Sólo quise ser yo en mí,
en el sinónimo existir
de natural materia;
ente, persona y mujer...
mil preguntas con sus sueños,
un sin fin de finales y comienzos.

> *"We met with a beginning and end, everything and nothing, and infinity where chance and determinism involved, both material and energy, as well as the function psychic or mental and around the resort wonderful world so far we know: the human being ". (Random Deterministic - The Doom Loop)*
> **Guillermo Sánchez Medina** Colombia (1926 - )
> **Honorary Member - National Academy of Medicine of Colombia**

## PRINCIPLES and PURPOSES
### Early or late

Underpinned stay,
pilgrim becoming,
transit, pilgrimage,
thought unleashed.

Six senses awake,
slipping fingers,
naked and smooth cedar,
graphite wrapped in wood.

Opening leaves of oblivion,
collecting veins,
satchels without covers ...
hardened verses.

It´s the intrinsic principle
of the written word,
the drawn circles,
the appealed paths.

Through the cemetery,
clean arrives the thought,
between the YOU and the I,
we are one, in the US,
that makes one whole.

I just wanted to be I in ME,
in the synonym to live
from natural fibers;
entity, person, woman ...
thousand questions in her dreams,
endless, endings and beginnings.

Horizonte remoto y
espaciada existencia,
prorrogados los sucesos
en inevitable vivencia.

Remote horizon and
spaced existence,
suspended the events,
in an inevitable experience.

## ANTIENTROPIA ( I )

Molécula termodinámica,
armonía y destino,
        ADN.

Colisión de credos,
incomprensión palpable.
        ver lo que no vemos.

Universo coherente
del ordenado cielo
        en equilibrio.

Principio de precaución,
        vida, sostenibilidad y muerte.

## ANTI-ENTROPY (I)

Thermodynamic molecule,
harmony and destination,
      DNA.

Collision of faiths,
evident misunderstanding,
      see what we don´t see.

Coherent universe,
from the ordained sky
      in equilibrium.

Precautionary principle,
      life, sustainability and death.

## ACASO el SILENCIO

¿Son acaso los silencios voces del ayer,
murmullos y cauces de palabras,
o simples gotas
        desvelando tristezas?

¡Mudez!

¿Son acaso las tristezas simples gotas,
cauces y susurros de silentes palabras
rumores, reflexiones del ayer?

¡Elipsis!

¿Acaso el silencio es canto sigiloso
calma y reposo,
felicidad quieta,
tregua del pensar o miedo?

  ¡Calla!
        Quiero escuchar el silencio.

## PERHAPS the SILENCE

Are they silences voices of yesterday,
murmurs and streams of words,
or simple drops
      revealing sorrows?

Muteness!

Are the sorrows simple drops;
riverbed and whispers of silent words
hearsay, reflections of yesterday?

Ellipsis!

Perhaps the silence is a stealthy song,
calm and rest,
quiet happiness,
truce of thought or fear?

Quiet!
      I want to hear the sound of silence.

## TIEMPO UNIVERSAL COORDINADO

Trescientos sesenta y cinco
vueltas da la tierra
sobre su eje.

Sol y luna,
mareas,
orbitas y efemérides.

Un segundo intercalar,
en parábola del siglo,
día bisiesto, reloj solar.

Una aguja asombrada
horizontal sobre el orbe;
marca horas y estaciones.

Común hora zulú,
momento magnético spin,
traslación y rotación.

Dinámica partícula,
cuerda
y péndulo.

Trescientos sesenta y cinco días
con sus noches
de este cuerpo geoide.

## COORDINATED UNIVERSAL TIME

Three hundred sixty-five
earth turns
around its axis.

Sun and moon,
tides,
orbits and ephemeris.

A leap second,
parable of the century,
leap day, sun dial.

An astonished needle
horizontally over the globe;
marks hours and seasons.

Common Zulu time,
spin magnetic moment,
translation and rotation.

Dynamic particle,
rope
and pendulum.

Three hundred sixty-five days
and nights
of this geoid body.

> *El momento elegido por el azar vale siempre*
> *más que el momento elegido por nosotros mismos.*
> **Proverbio Chino**

**TIC TAC,**
    **TIC TAC,**
        **TIC TAC...**

Late el corazón,
el péndulo vertical,
pulso de tiempo,
espera...

Un "lobby",
un aeropuerto,
la esperanza de un encuentro.

La soledad de un sepelio,
fiesta o Navidad.

Un año, un mes, una semana,
    un día, una hora, un minuto,
        un segundo, una micra.

¿Qué es el tiempo?

Un tic-tac,
**ESPASMO y SILENCIO**.

> *The moment chose by chance it values always more than the moment chosen by ourselves.*
> **Chinese Proverb**

**TIC TAC,**
    **TIC TAC,**
        **TIC TAC…**

Heartbeat,
horizontal pendulum,
time's pulse,
waiting…

A lobby,
an airport,
the hope of an encounter.

The loneliness of a funeral,
Christmas or party.

A year, a month, a week,
    one day, one hour, one minute,
        one second, a micron.

What's time?

Ticking tic-tac:
**SPASM and SILENCE.**

> *"Bien sé que soy mortal, una criatura de un día.*
> *Pero si mi mente observa los serpenteantes caminos de las estrellas, entonces mis*
> *pies ya no pisan la tierra, sino que al lado de Zeus mismo me lleno con ambrosía, el*
> *divino manjar". (Almagesto)*
> **Claudio Ptolomeo,** Greco-Egipcio (100 a 170 DDC)
> **Astrólogo, Astrónomo, Químico, Geógrafo y Matemático**

## GEOMETRÍAS COTIDIANAS

En la base y por su eje se pronuncia,
en altura contenida de elementos,
rectas paralelas, generatrices; las paredes.

Los cilindros y los conos seccionados,
acero frío que posamos sobre el fuego,
el radio inscrito de la extensión del brazo.

Dibujo la curvada figura desde distintos ejes
dando toques mágicos a la olla efervescente,
detenidamente; la observo, la escucho, la mimo.

Son cohetes extraterrestres, volátiles misiles,
con sus misiones cotidianas,
expiando los sabores más sensibles.

De la ley de las estrellas,
cuerpo celeste y extra radio,
asteroide de mis espacios.

Acumulados las materias
y los elementos combinados,
química que perfuma estancias,
entre humos, especies y vahos,
entre hierba y aromas,
entre cristales de sal y sabor apaciguado.

En hipérbolas se abre nuestros cosmos,
filosofía natural y cotidiana,
ley de gravitación y movimientos,
silbido aerodinámico.
   ¡Está listo el puchero en el cacharro!

> *"Well do I know that I am mortal, a creature of one day.*
> *But if my mind follows the winding paths of the stars*
> *Then my feet no longer rest on earth, but standing by*
> *Zeus himself I take my fill of ambrosia, the divine dish".(Almagest)*
> **Claudius Ptolemy's** Greco-Egyptian (100-170 AC)
> **Astrologer, Astronomer, Chemist, Geographer and Mathematician**

## DAILY GEOMETRY

At the base and by its axis is pronounced,
in contained height of elements,
parallel lines, generating; are its walls.

Cylinders and cones sectioned,
cold steel that we place over the fire,
inscribed radius of the arm's extension.

I draw the curved figure from various hubs
giving magic pats to the mystic effervescent pot,
carefully; I observe, listen and mime.

They are alien's rockets, volatile missiles,
with their usual missions,
expiating the most sensitive flavors.

From the law of the stars,
celestial body and extra radio,
asteroids and spaces.

Gathered matters,
and the elements combined,
chemistry that perfumes lounges,
amongst smokes, spices, vapors,
between grasses and scents,
between salt crystals and appeased tastes.

Our cosmos opens in hyperboles,
natural and quotidian philosophy,
law of gravitation and motion,
aerodynamic whistle ...
    ... The stew is ready in the junkyard crock!

Se admiten proyectos y postulados,
y hasta los teoremas aplicados de "Pappus",
la guerra es conseguir que aquella fórmula,
esté en equilibrio sano, guste a todos
y llene el plato a precio muy barato.

...Y me pierdo en el desierto enjabonado;
un día y otro,
atisbando universos,
conteniendo pompas:
        geometrías cotidianas.

Admitting all projects and postulates,
and even the applied theorems of "Papuss",
the war is to accomplish with the formula,
be in healthy equilibrium, liked by everyone,
and that it fills the plate at very cheap price.

… I get lost in the soapy desert,
day after day,
watching universes,
containing bubbles:
      daily geometries.

## EXISTO

camino los espacios y encuentro la dulce compañía
de la soledad apaciguada.
Detengo los pasos;
veo,
siento,
un suspiro atraviesa el aire,
como una espada.
El color invade mis venas
desde siempre,
y la voz de mi memoria
recita versos y cuartetos.
aún estoy,
aquí,
presente,
aunque hay
quien no quiera
ver
que
e
x
i
s
t
o
.
.
existo,
ver,
aunque hay
quien no quiera verme.
Presente,
aquí,
aún estoy.
Recito versos y cuartetos,
la voz de mi memoria,
desde siempre.
El color invade mis venas,
como espada,
un suspiro atraviesa el aire.
Siento,
veo,
detengo los pasos
de la soledad apaciguada y del encuentro en
dulce compañía,
camino los espacios… sola o contigo.

## EXIST

I walk the spaces and find the sweet company
of loneliness appeased.
I stop my steps;
seeing,
feeling,
a sigh traverses the air,
like a sword.
The color invades my veins
always,
and the voice of my memory
recites verses and quartets.
I´m still,
here,
present,
although there are
those who don't want
to see
that
I
e
x
i
s
t
.
.
I exist,
to see
although there are
those who don't want to see me.
I´m present,
here,
still I´m;
reciting verses and quartets,
voice of my memory,
forever.
The color invades my veins,
as a sword,
a sigh traverses the air.
I feel,
I see,
stopping steps
of appeased loneliness and encounter
with sweet company,
walking spaces ... alone or with you.

## MUJERES

Siendo Mujer,
resulta que;
siempre estamos multiplicando,
sumamos a todo, o dividimos,
la vida sola nos resta.
Mujeres somos,
es nuestro destino.

## WOMEN

Being Female,
It happens that;
we always multiply,
we add everything or divide ourselves,
life alone subtracts us.
Women we are,
it is our destiny.

> *D-branas en la teoría de cuerdas tiene implicaciones en la cosmología, porque la teoría de cuerdas implica que el universo tienen más dimensiones que lo esperado (26 para las teorías de las cuerdas bosónicas y 10 para las teorías de supercuerdas). Una posibilidad sería que el universo visible sea una D-brana muy grande que se extiende sobre tres dimensiones espaciales.*
> **Joseph Polchinski,** Nueva York, EEUU, (1954 - ) **Físico**

## TEORÍA de CUERDAS

Fuerzas, materia;
tiempo de los tiempos.

Partículas de energía que vibran;
corazón, latido real, soplo magnético,
ondas eléctricas, trenzas de átomos.

Dimensiones:
once, doce... veintiséis... o más.

Espejismo de la ciencia,
tejido curvo envolvente,
orbitas en gravedad.

      Newton, Einstein, Maxwell...

Pensamientos filosóficos: Teorías,
" teoría del todo", relatividad general,
armonizadora de cuerdas,
ecuaciones elegantes,
    *"Teoría del nada".*

Realidad y ciencia ficción coincidentes,
hilos naturales, sinfonía cósmica,
música del universo.

Mundo cuántico,
universos paralelos cercanos,

Códigos,
campos simétricos
veinte constantes,
unificación.

Historia humana,
jugamos a tener el carácter de Dios.

> *D-branes in string theory has implications for cosmology, because string theory implies that the universe has more dimensions than expected (26 for theories of bosonic strings and 10 for superstring theories). One possibility is that the visible universe, a very large D-brane extending over three spatial dimensions.*
> **Joseph Polchinski,** New York , USA, (1954- ) **Physicist**

## STRING THEORY

Forces, matter;
time of times.

Energy particles that vibrate,
heart, real beat, magnetic blow,
electric waves, braids of atoms.

Dimensions:
eleven, twelve ... twenty-six or more.

Mirage of science,
curved tissue enveloping
orbits in gravity.

        Newton, Einstein, Maxwell ...

Philosophical thoughts: Theories;
"Theory of everything", general relativity,
harmonizing strings,
elegant equations,
    *"Theory of nothing."*

Matching reality and science fiction,
natural threads, cosmic symphony,
music of the universe.

Quantum world,
parallel universes, nearby.

Codes,
symmetrical field,
twenty constants,
unification.

Human history,
play having God's character.

*Lo opuesto al ser viene a ser la esencia, a la cual simplemente se le agrega la existencia. En cierto sentido no se diferencia ya mucho del concepto de la nada. Un ejemplo de ello lo dan ciertos textos de la filosofía temprana. (De Ente et essentia)*
**Santo Tomás de Aquino,** Italia (1224-1274) **Teólogo, Filósofo**
*Oración de quietud: también llamada contemplativa.*
*La memoria, la imaginación y razón experimentan un recogimiento grande, aunque persisten las distracciones ahonda la concentración y la serenidad.*
*El esfuerzo sigue siendo personal, se comienza a gustar de los frutos de la oración, lo que nos anima a perseverar. (Libro La Vida)*
**Teresa de Ávila,** España (1515-1582) **Doctora, Mística y Escritora.**
*Todo lo que somos es el resultado de lo que hemos pensado; está fundado en nuestros pensamientos y está hecho de nuestros pensamientos.*
**Buda** (563 – 486 ADC)

## CIENCIA y ESPÍRITU

Unificados postulados científicos
y axiomas herméticos.

Convergencia,
punto íntimo de acuerdo,
aceptada y reconocida ciencia cuántica.

Fundamento básico,
universo conocido.
campos energéticos,
espíritus en sus planos.

Huellas;
aceleradores de partículas,
existencias observadas,
invisibilidad de onda,
probables campos colapsados,
electrones y materia.

Oración del universo;
cenit, nadir, padre en circunferencia.

Todos somos átomos;
pensamientos,
puros, sanos y santificados.

Nuestro reino es el estado
de conciencia liberada;
Amén.

*The opposite of being becomes the essence, to which he simply adds existence. In a sense no different and much of the concept of nothing. An example would give him certain texts of early philosophy. (De Ente et essentia)*
**St. Thomas Aquinas,** Italy (1224-1274) **Theologian, Philosopher**
*Prayer of Quiet: also called contemplative.*
*Memory, imagination and reason experienced a large gathering, distractions persist even delves concentration and serenity. The effort remains personal, you begin to like the fruits of prayer, which encourages us to persevere. (Book Life)*
**Teresa of Avila,** Spain (1515-1582) **Doctor, Mystic and writer.**
*All we are is the result of what we have thought; is founded on our thoughts and is made of our thoughts.*
**Buda** (563-486 BC)

## SCIENCE and SPIRIT

Unified scientific postulates
and hermetic axioms.

Convergence,
intimate point of agreement,
accepted and recognized quantum science.

Basic foundation,
known universe
energy fields,
spirits on their levels.

Footprints;
particle accelerators,
stocks observed
invisibility wave
probable collapsed grounds
electrons and matter.

Prayer of the universe;
zenith, nadir; father in circumference.

We are all atoms,
thoughts;
pure, sane and sanctified.

Our kingdom is the state
of conscience released;
Amen.

> *En la especie humana*
> *es posible percibir las especies de todas las otras cosas,*
> *sobre todo por la vía proporcional o numérica. (La magia de los vínculos)*
> **Bruno Giordano**, Italia (1548 – 1600), **Astrónomo, Filósofo, Religioso y Poeta**

*constante de Euler* $(\gamma)$ *lo es, siendo* $\gamma = 1 + \frac{1}{2} + \frac{1}{3} + \frac{1}{4} \cdots + \frac{1}{n} - \ln(n)$, *cuando* $n \rightarrow +\infty$.

## INFINITUD

Euler;
trascendencia,
dos cuerpos no numerables,
cuadratura del círculo,
donde PI es trascendente.
Origami,
extensión uno del otro,
compleja realidad numérica,
entero real y racional.
Inexplicable cálculo del todo como una parte,
multi-infinitos, multi-universos indefinidos,
e interminables eternos.
Libro de arena,
gotas de agua del mar
cristales de sal.
Camino sin principio;
serpiente ouburo, kaelu,
unión bendecida,
fértil lazo,
bendición doblando espacios.
Poder elíptico,
punto penetrado,
corazón del agujero negro,
radio del origen del espacio - tiempo,
saliendo del universo,
Bi, tri, multi dimensión.
Materia y energía
del fondo cósmico...
microondas de luz vieja.
Inflación,
naturaleza última de la realidad humana,
independencia de conceptos.
Apertura imaginada
más allá de la noche y el día,

*In humans is possible to perceive the species of all other things, especially by proportional or numerical means. (The magic of links)*
**Giordano Bruno**, Italy (1548 - 1600) **Astronomer, Philosopher and Religious Poet**

*Euler constant* $(\gamma)$ *so* $\gamma = 1 + \frac{1}{2} + \frac{1}{3} + \frac{1}{4} \cdots + \frac{1}{n} - \ln(n)$, *when* $n \to +\infty$.

## INFINITUDE

Euler;
transcendence,
two uncountable bodies,
squaring the circle,
where PI is transcendent.
Origami,
extensions one of another,
complex numeric fact,
real and rational integer.
Inexplicable calculation of the whole as a part,
multi-infinite, multi-universes undefined,
and eternally endless.
Book of sand,
drops of seawater
salt crystals.
Path without beginning;
"ouburo" snake, "kaelu,
blessed union,
fertile loop,
blessing twisting spaces.
elliptical Power,
penetrated point,
heart of a black hole,
radius of the origin of space-time,
leaving the universe,
Bi, tri, multi dimension.
Matter and energy
cosmic background ...
microwave of Old light.
Inflation,
ultimate nature of human reality,
independence of concepts.
Imagined opening
beyond night and day,

de la distancia,
del ayer, hoy y mañana,
porque apenas como átomos,
inquietos y móviles,
permanecemos inconstantes
como olas y ondas,
creciendo y decreciendo,
sístole y diástole,
respiración de agujas,
tic – tac,
insonoro latir,
inodoro percibir,
del pensamiento.
Infinitud,
veloz instante inquieto.

of distance,
of yesterday, today and tomorrow,
because just like atoms,
restless and mobile,
we remain unstable
like surfs and waves,
increasing and decreasing,
systole and diastole,
breathing of needles,
Tic - tac,
silent beating,
odorless perception
of thought.
Infinity,
fast restless moment.

*"Nada es imposible para una mente dispuesta"*
*"Estudiando lo pasado, se aprende lo nuevo".*
**Proverbios Kotowasa** – Japonenes

## ORIGAMI

Arte,
diseño tridimensional
puntas plegadas de papel,
pájaro imaginario,
corbatín enjaulado,
en las volátiles manos que trazan líneas.

Flexibilidad geométrica,
teorema y ecuación doblada
inteligente desarrollo,
pensamiento imaginado.

Armonía estructural,
educado hemisferio,
creación exacta,
destreza veraz determinada,
modelo coordinado.

Versátil y lógico campo,
en conjunto "kusudama"...
incienso, medicina de olor y del alma.

Doblez de amor
triplicar un ángulo
ecuación y axioma,
teorema de "HAGA"
panel solar,
satélite espacial,
madera moldeada.

Campo del espacio
**OR**ganización
**I**maginada
**GA**laxia de
**MI** ámbito.

> *"Nothing is impossible to a willing mind"*
> *"Studying the past, we learn the new."*
> **Proverbs Kotowasa** – Japanese

## ORIGAMI

Art,
tri dimensional design
folded paper points,
imaginary bird,
caged tie,
in the volatile hands that trace lines.

Geometric flexibility,
theorem and bent equation
smart growth,
imagined thought.

Structural harmony,
educated hemisphere,
exact creation,
determined true skill,
coordinated model.

Versatile and logical field,
grouping "kusudama" …
incense, aroma medicine and soul.

Duplicity of love
triplicate an angle
equation and axiom,
"HAGA" theorem
solar panel,
spatial satellite,
molded wood.

Field of space;
**OR**ganization,
**I**magined
**GA**laxy of
my li**MI**ts.

## ARCA DE NOÉ

Desdoblados tiempos en encuentro
pluralidad de mundos,
avistamientos,
abducción en lapsos perdidos,
archivos secretos.

Ángeles, demonios,
criaturas celestiales,
Dioses del edén.

Puentes,
agujeros negros,
multi universos infinitos,
energía "Planck",
manto invisible.

¿Hay secretos?

## NOAH'S ARK

We unfold times in meetings,
plurality of worlds,
sightings
abduction in lost lapses,
covert archives.

Angels, demons,
heavenly creatures,
Gods of Eden.

Bridges,
black holes,
infinite multi universes,
"Planck" energy,
invisible cloak.

Are there secrets?

*...momentos de caos en cuanto son partes de caos ordenado,
o mejor dicho, varios órdenes que son partes de un inmenso caos.*
**Jacques Monod,** Francia (1910-1976) **Biólogo Premio Nobel**
*Entre otras se pregunta: -¿El tiempo, tiene un inicio?-.
-¿Cómo se imprime el tiempo en la materia?.--¿Cuál es el origen del Universo?-.*
**Ilya Prigogine** (1917 Moscú – 2003 Bruselas) **Premio Nobel Química 1977**

**Teoría del CAOS**,
mundo fluido del fractal,
vínculos causales,
relación cuantitativa,
causa, efecto... alternativa.
Avidez de poder,
amuleto,
deseo de felicidad.

Psicoanálisis,
efecto palanca,
metáfora,
gota de agua...
sismo génesis,
retroalimentación positiva,
racionalidad proporcionada,
conversión masa – energía,
ley de gravitación, aire.

Predicción,
necesidad de infinita información,
perplejidad,
tradicional certeza,
incertidumbre,
psicometría,
fractal.

*...times of chaos as are parts of ordered chaos,
or rather, several orders that are part of an immense chaos.*
**Jacques Monod,** France (1910-1976)**, Nobel Prize Biologist**
*Among other wonders: -¿Does time have a beginning -. How time is imprinted on the matter? .-What is the origin of the universe? -.*
**Ilya Prigogine (**1917 Moscow - 2003 Brussels**) Nobel Prize Chemistry 1977**

**CHAOS Theory**,
fractal fluid world,
causal links,
quantitative relation,
cause, effect ... alternative.
Power avidity,
amulet,
desire for happiness.

Psychoanalysis,
lever effect,
metaphor,
water drop ...
seism genesis,
positive feedback,
proportional rationality,
conversion mass - energy,
law of gravitation, air.

Prediction
infinite need of information,
perplexity,
traditional sureness,
uncertainty,
psychometrics,
fractal.

## FRACTAL

Árboles fragmentados
en ramas celestiales,
número infinito de escalas,
luz recogida en sus átomos.

Delta de río,
sistema nervioso,
imaginación.

Conjunto de "Mandelbrot"
plano complejo,
belleza de código,
ley natural.

## FRACTAL

Fragmented trees
in heavenly branches,
infinite number of scales,
light collected in its atoms.

River delta,
nervous system,
imagination.

"Mandelbrot" set
complex plane,
beauty of code,
natural law.

Quedamos en la **MEMORIA DEL ÉTER**
grabados en cadenas de la historia,
y los viajes de regreso los hacemos
en el sin tiempo y sin espacio
del multi - universo.

Dicen que habitaron otros seres,
dicen que visitaron el planeta,
sólo huellas en las piedras bien talladas,
colocadas en autopistas estelares.

Los Mayas, los Egipcios, los Atlantes...
Mesopotamia y China se trasvasan,
en sus barcas celestiales y en los mares,
moléculas de agua y su memoria.

Ejercicio de transporte de las ondas,
subir al aire
sin el peso que nos ancla,
a la horizontal pared que nos soporta.

Vasos comunicantes del espacio
son las pistas
de agujeros negros
y de gusanos.

Resonancia fractal no lineal,
sónica energía,
anti gravedad,
cuatro elementos
y el espacio tiempo
dimensionado
en elevación de ecuación.

Oro, mica,
micra y metro,
hipogeo grabado con las manos...

¿Esperaremos ser volátiles y bagatelas mariposas?

Tal vez seamos los ojos del pez dormido,
o micro mundos perdidos en el COSMOS.

We are in the **MEMORY OF ETHER**
etched into the chains of history,
and we make the return trips,
into timelessness and spacelessness
from the multi - universe.

They say others inhabited it,
they say that they visited the planet,
only footprints in well-cut stones,
placed in stellar highways.

The Mayans, the Egyptians, the Atlantes ...
Mesopotamia and China are transported,
in their celestial boats over the seas,
water molecules and memory.

Exercise in transportation of waves,
up in the air,
without the weight that anchors us
to the horizontal wall that support us.

Communicating vessels of space
are the freeways,
of black holes
and worm holes.

Nonlinear fractal resonance,
sonic energy,
antigravity,
four elements,
and time - space
dimensioned
in elevated equation.

Gold, mica,
micron and meter,
hypogeum hand engraved…

We wait to be volatile and trifle butterflies?

Perhaps, we could be the sleeping eyes of fish,
or micro worlds lost in the COSMOS.

## TELA de ARAÑA

Red de seda liquida,
saliva de órganos grifos,
retorcidas cuerdas,
trenzadas se estiran, se doblan,
circulares caminos que unen radios.

Enjambres y trampas.

Elástica tela,
fuerza contenida
en la historia
de cien millones de años.

Gotas de agua,
en los cruces de sendas tejidas
por la diminuta araña.

Todos tejemos.

**SPIDER WEB**

Red liquid silk,
organic taps' saliva,
twisted ropes,
braid that stretches, bends,
circular paths that link radiuses.

Swarms and traps.

Elastic fabric,
contained forces
in history
of hundred million years.

Water drops,
at the crossroads of trails woven
by the tiny spider.

We all weave.

## FLOR de LOTO

Hoja compacta,
seca y limpia.

Flotante hoja
que mira sus geografías
en superficie rugosa.

Blanca virgen del estanque,
fertilizada permutas tu color y sexo.

Micras conjugadas,
moléculas unidas…

¡Inventamos el paraguas!

…Perdidos en la espesura de tu ternura.

## LOTUS FLOWER

Compact leaf,
dry and clean.

Floating leaf
that sees its geographies
on a rough surface.

White virgin of the pond,
fertilized you swap color and gender.

Conjugated microns,
bound molecules ...

We invented the umbrella!

... Lost in the depths of your tenderness.

**Intrincado PAISAJE,**
bosque de luces y sombras,
verde raíces aéreas,
tierra enmarañada,
nervios de la selva.

Ramas enlazadas,
se aman, se abrazan,
en la aurora, en su alborada.

Penumbra iluminada,
nido tejido de sueños;
son las palabras.

Techo de hojas claras,
hojas que hacen camas,
y dormitando los ayeres
encontramos los mañanas.

Poesía,
sueños que duermen
y despiertan en las frondas,
mientras tanto,
crujen vientre adentro.

Libros son albores,
que iluminan ojos, manos,
pensamientos, voces y silencios.

Fuente...

**Intricate LANDSCAPE,**
forest of lights and shadows,
green aerial roots,
entangled earth,
nerves of the jungle.

Linked branches,
they love, embrace,
in the sunrise, at its dawn.

Illuminated gloom,
nest weaved of dreams,
they are words.

Ceiling of clear leaves,
leaves that turn to beds,
and dozing our yesterdays
until we find tomorrows.

Poetry,
a sleeping dreams
and awakens in the foliage,
while in the meantime,
rumble deep in the guts.

Books are daylights,
that illuminate eyes, hands,
thoughts, voices and silences.

Knowledge source ...

*Establece una interrelación entre el mundo psíquico y el matemático, que termina de unificar la realidad. El mundo matemático es aprehendido por un ser físico y consciente concreto. El hombre es capaz de conocer el mundo matemático. Es el único ser del mundo psíquico capaz de contemplar las verdades matemáticas. Gracias al hombre, surge la unidad de los tres mundos: una parte de matemático soporta lo físico, una parte del físico, lo psíquico y una parte del psíquico contempla lo matemático. En síntesis, vivimos en una única realidad con tres dimensiones: matemática, física y psíquica.*
**Roger Penrose,** Reino Unido (1931- ) **Físico, Matemático y Filósofo.**

## DESAMBIGUACIÓN

Dinámico sistema en evolución,
modelo de elementos,
diagramas causales,
tiempo,
espacio vectorial,
algebra lineal.

Teoría del caos;
punto, orbita, negro atractor.

Simple...

En el caos son extraños,
del complejo modelo tridimensional.

Arquitectura, meteoro, jardín,
soplo de hálito sobre las hojas,
caléndula que toca la rosa,
dedo que acaricia sus alas.

Y creamos
el **efecto mariposa.**

*Establishes a relationship between the psychic world and mathematical, ending of unifying reality. The mathematical world is apprehended by physical and conscious concrete. Man is capable of knowing the mathematical world. It is the only being in the psychic world capable of contemplating mathematical truths. Thanks man, the unity of the three worlds arises: part of the mathematical supports the physical, and part psychic provides the mathematical. In short, we live in one reality with three dimensions: mathematical, physical and mental.*
**Roger Penrose**, UK (1931- ) **Physicist, Mathematician and Philosopher**

## DISAMBIGUATION

Dynamic system in evolution,
element's model,
causal diagrams,
time,
vector space,
lineal algebra.

Chaos Theory;
point, orbit, black attractor.

Simple ...

In the chaos all are strangers,
from complex three-dimensional model.

Architecture meteor, garden,
puff of breath over leaves,
calendula touching pink roses,
finger that caresses its wings.

And we create
the **butterfly effect**.

**MEMBRANAS** dibujadas
en el culto de los cuerpos,
cocuyos de seda envueltas,
en abrigos de sol y frío.
    Arduo andar entre las grietas,
    de una tierra que se empeña
    en atravesar las venas.

Difícil aprender
las hendiduras del camino;
pasos adelantados
con el calzo a cuestas.
    Cada cordón plegado
    haciendo mariposas con sus lazos,
    enredadas las cuerdas a las uñas…
    aprendices dedos de niña despierta.

El jabón de la cocina era azul,
y las esponjas de virutas
sangraban las manos,
un restregar de espejos cilíndricos,
hervor de burbujas donde se colaban fantasías.
    Lento cocía la leche,
    recogiendo natas un día y otro,
    encallecidas palmas,
    batiendo con la pala su grosor
    hasta hacer mantequilla.

Las cantinas eran cuerpos plateados
oliendo a vaca y a boñiga.

No le gustaba sentir el suelo
con sus pies desnudos,
ese que también tenía grietas y astillas;
el paisaje "zen" del diminuto cuerpo,
la moldeaba.

Vio y escuchó el cubil huérfano de pájaros.

Drawn **MEMBRANES**
in worship of bodies,
cocoons wrapped in silk,
in coats of sun and cold.
 Arduous walk through the cracks,
 of a land that insists
 in crossing veins.

Difficult to learn
the slits of the way;
developed steps
with the wedge in tow.
 Each folding bead
  makes butterflies with their ties,
  tangled cords nails ...
  apprentices fingers of awaked girl.

The soap in the kitchen was blue,
and the wood chip sponges,
made hands bleed,
scrubbing cylindrical mirrors,
boiling bubbles where fantasies trickled.
 Milk slowly gets cooked,
 picking cream, day after day,
 calloused palms,
 whipping with blade its thickness
 till butter is made.

The canteens were silver bodies
smelling cow and dung.

She didn´t like to feel the ground
with her bare feet,
that which also had cracks and slivers;
the "zen" landscape of the tiny body,
molded her.

She saw and heard the orphan den of birds.

Rescató cada huevo;
eran tesoros azules,
tan azules como el jabón de la cocina,
cómo el cielo y el agua,
envueltos en las hojas construidas
de un paño entibiado
que abrigó la madriguera trenzada.

No fue capaz de dar vida a los polluelos;
ellos, ya estaban muertos entre el cascarón,
y casi despierta,
hacía el final de su infancia,
estaba la niña.

She rescued each egg;
they were blue treasures,
as blue as the kitchen soap,
as the sky and deep rivers,
wrapped in constructed sheets
of a warmed cloth
which sheltered the nest entangled.

She was incapable of giving life to chicks;
they, were already dead inside the shell,
and then, almost awake,
towards the end of her childhood,
was the girl.

**SER**
reducto del pensar en el espacio,
resultado exacto
del morir en nacimiento,
        por pensar y hacer poesía,
quedamos inermes,
**EN**...
        los libros olvidados.

**BEING**
stronghold of thinking in space,
exact match
dying at birth,
     by thinking and writing poetry,
we are unarmed,
**IN** ...
     all forgotten books.

## LIBROS OLVIDADOS

En los pliegues de las hojas contenidas
entre lomos de piel de vaquilla;
venas y surcos dan título
pegados al cartón de su teatro.

La pluma de ave lo traspasa,
y el pétalo perdió su olor entre tamujas,
el cordón que ataba el joto endurecido,
como faja que protege el sellado libro.

Lacrado va el nombre invisible
por las tapas de los ojos que pronuncian,
y caen en manos de personas,
que saben del dolor, sólo la flor.

La copa que acompaña a las gafas
y las gafas que se esconden en el bolso,
en la misma casa que da título apretado,
tribuna vigilante en la distancia.

Pies caminantes,
metáfora y canto,
se encresparon las hojas de repente
y los pliegues perdidos, fueron cauces
de tinta y de memoria.

## FORGOTTEN BOOKS

In the folds of the contained sheets
between cowhide leather spines;
veins and grooves give title
glued cardboard to its theater.

The bird feather roll it over,
and loses its odor of petal between linings,
the cord that tied the hardened jack,
as a belt that protects the stamped book.

Sealed goes the invisible name
by lids of the eyes that pronounce,
and fall into people hands,
who know of pain, only the flower.

The cup accompanying glasses,
and those eyeglasses that hide in the bag,
in the same house that gives tight title,
vigilant court in the distance.

Walking feet,
metaphor and song,
suddenly leaves curl
and folds get lost, they were courses
of ink and memory.

**FAZ** que traspasa el espejo,
mirada oblicua,
anverso reflejo.

El agua se sumerge en la cintura,
sin mostrar el vientre, ni sus senos.

Matices imaginarios
que calan los grises,
más allá del blanco y del negro.

**MASK** crosses the mirror,
sideways glance,
obverse it´s reflection.

The water is immersed in the waist,
without showing womb belly, nor breasts.

Imaginary nuances
permeating the gray,
beyond white and black.

**TRISTE** soledad
sentada en el quicio,
reflexión del instante vivo,
avanzado paso,
escalón sumergido,
ve más allá de la luna,
y guarda la esperanza.

Teñirá de color el futuro,
tras la velada cortina
que le permite ver de frente su perfil.

Lleva la cara del sueño a cuestas,
espera los aromas
y el tacto de un suelo firme,
construido de pequeñas piezas,
esas que componen
los caminos de la existencia.

Sólo quiere escribir.

**SAD** loneliness
sitting at the doorway,
reflection of the living moment
advanced step,
submerged stage,
seeing beyond the moon,
and keepings hope.

Color will stain the future,
after the evening curtain
allowing to view its profile, face to face.

Brings the sleepy expression on its back,
expecting aromas
and the feeling of solid ground,
building of small parts,
those that refit
the paths of existence.

Just wants to write.

Imaginada la niñez
**DESPIERTA** de los años,
columpio de aire en la garganta,
vuela el ave
dando alas a los versos,
y hace nido
con las ramas
de cada pensamiento.

Descorcha la corteza de su lumbre
para adornar cabellos de cristal,
escamas de la piel,
espinas clavadas en los pies...

        **QUIZÁS** alguien sabe...
     ¿Dónde mueren los colibríes?

Imagining childhood
**AWAKENS** from years,
swing of air in the throat,
the bird fly
giving wings to the verses,
and makes nest
with the branches
of each thought.

Uncorks the bark of its light
to decorate the crystal hairs,
flakes of skin,
thorns nailed in the feet ...

                      **MAYBE** someone knows ...
                      Where hummingbirds die?

**HOLOCAUSTO de POETAS**
en osario de versos,
junta de palabras;
convenio y jaque
a las plumas y el papel,
sangre de pájaro
en el bendito cáliz del creador,
santificamos en las coordenadas
y el eje de las letras,
poemas en el nido.

**POETS HOLOCAUST**
in ossuary of verses,
gathering of words;
agreement and check
of feathers and paper,
bird's blood
in the blessed chalice of the creator,
sanctified in the coordinates
and the axis of the letters,
keeping poems in the nest.

Un aguijón
**EN LA LENGUA**
es diminuta eternidad.

A sting
**IN THE TONGUE**
it´s tiny eternity.

Se Desvistió el **ÁLMEZ** de su oro
bañado en copos de cristal,
desnudo establece su presencia,
dando sombras lineales
que enmarcan aceras y calles.

Del huerto penden sus ramas altivas,
brazos que orillan las campanas,
abrazan las nubes y miran nevadas sierras.

Año tras año,
se desviste despacio,
y a la vez que se desnuda,
su ropaje de ocres
tapiza el suelo del campanario.

Imagina la niñez despierta de los años;
se columpia, vuela como pájaro y hace nido,
descorcha la corteza de su lumbre
para adornar crines de caballos.

Parece muerto en vida,
      en ésta mañana de invierno,
parece vivo y enterrado,
      desde su enraizada altura,
parece un fantasma
      de la noche,
parece, que su luz gris
      deja huella en la piel de la casa.

Se despojó el álmez de su oro,
      permanece desnudo,
          cubre su tronco de plata.

**HACKBERRY** stripped of its gold
drenched in crystal flakes,
bare establishes its presence,
giving lined shadows
that frame sidewalks and streets.

From the garden hangs their lofty branches,
arms that surround the chimes,
embrace the clouds and look at snowy mountains.

Year after year,
he undresses slowly,
and while he gets naked,
his ocher apparel
lines the floor of the bell tower.

Imagine the awakened childhood of the years;
it swings, flies like a bird and makes nest,
uncorks their fire's bark
to decorate horses manes.

It seems the living dead,
     in this winter morning,
lifelike and buried,
     from rooted height,
like a ghost
     in the night,
appears, that its gray light
     footmarks the skin of the house.

Hackberry stripped of its gold,
     remains bare,
          silver covers its trunk.

**CONVOCAR** a los espíritus
que en virtud nos contemplan,
y ser digno templo en la palabra,
éxtasis de los místicos
versos que se alaban,
caridad y rezo, santidad y ascetismo,
unidad y clamor de un viento poeta.

**CONVENE** the spirits
that by virtue contemplate us,
and being a worthy temple in the word,
ecstasy of mystics
verses that self-praise,
charity and prayer, holiness and asceticism,
unity and clamor of a poet wind.

**ASENTAR** el espíritu
en la traviesa de la lengua,
manos que integran las palabras.
Se arma el ser de paz y voz en el rezo,
navegamos olas
de una fe que nos convoca,
llevando caridad versada.
.

**SETTLE** spirit
on the naughty of language,
hands join up the words.
Armed with peace and voice in prayer,
sailing waves
on a faith that summons us,
with the gift of versed charity.

Abierto **TEMPLO** de los espíritus
al viento del místico verbo,
vestido de palabras.

Open **THE TEMPLE** of Spirits
the wind of mystical verb,
dressed in words.

**VENERAR**
cuando se carcome piel adentro
el sargazo horizontal del verbo.

Rezamos...
convocamos al Dios de los cielos,
que nos dé luz y palabras,
fe para crear los versos.

**VENERATE**
when skin becomes gnawing inside
at the horizontal sargasso of the verb.

We pray ...
summon heaven's God,
to give us light and words,
faith to create the verses.

**MÁS ALLÁ**
de la muerte,
del mar y de la tierra;
un cielo de estrellas
cubre la voz del poeta.

**BEYOND**
death,
of seas and lands;
a sky of stars
covers the poet's voice.

**SÓLO** el amor divino
nos lleva al inmortal momento
de la voz escrita.

Divino amor
que en soledad reviertes
el espíritu del universo.

Estático instante de sin tiempo
que abriga a lo humano,
en un espacio abierto y eterno.

**ONLY** the divine love
leads to the immortal moment
of the written voices.

Godly love
that alone returns
the spirit of universe.

Static moment of timelessness
harboring the human sense,
in an open and eternal space.

En un **ÉXTASIS**
de cuerpo y espíritu
se enlazan;
la mano, la pluma y el viento.

Procreamos los hijos en versos,
banderas blancas,
planos convexos.

Como cuencos de barro recogemos,
el amor y el dolor de las almas,
y abrimos las compuertas del río.

Un río que a la mar lleva los versos,
cosidos con puntadas, bordando olas
con sus lenguas.

In a **ECSTASY**
of body and spirit
engaged;
hand, pen and wind.

Procreate children in verses,
white flags,
convex planes.

As earthenware bowls we collect,
love and pain of souls,
opens the river's floodgates.

A river who carries out to the sea all verses,
sewn in stitching, embroidering waves
with their tongues.

## CALENDARIOS

Empezó la cuenta larga de la vida
contados equinoccios;
        jaguar, águila y serpiente,
        los apóstoles titularon la estancia
        bajo signos;
                escorpión, el toro, el león...

Siendo el hombre el único ser
capaz de atar y desatar lenguas, manos.

Gnóstica espiritual de la espiral que envuelve,
filosofía y sapiencia en conquistas;
        Neruda, Machado dieron vida,
        Galileo, Copérnico y Einstein pensaron ciencias.
        Todos imaginaron.

Separados y seguros en sus templos
comunican su sapiencia a unos pocos,
diseñan el futuro de la historia,
encarcelan al ser en sus deberes.

El tiempo y el espacio se armonizan,
en el viaje infinito del destino.

## CALENDARS

It began the long account of life
counted equinoxes;
        jaguar, eagle and snake,
        the apostles titled the dwell
        under signs;
                scorpion, bull, lion ...

Man being the only entity
capable of binding and unbinding languages, hands.

Spiritual gnosis of the spiral it wraps,
philosophy and wisdom in conquests;
        Neruda, Machado gave life,
        Galileo, Copernicus and Einstein thought sciences.
        All of them imagined.

Separate and safe in their temples
communicate their wisdom to a few,
design the future of our history,
imprisoned the being in their duties.

Time and space are harmonized,
in the infinite journey of destiny.

## El DESTIERRO de los POETAS

Afloradas letras,
crisantemos del entierro en su lapso,
impuesta cárcel del silencio.
Lejanía, distancia enroscada en los grilletes,
tobilleras de acero,
que anclan la existencia a continentes.

Voló, voló la palabra,
brotó de la saliva,
ostentando idioma y acento,
y anduvo horizontes y sendas,
cruzó los océanos y los vientos,
llevando como mortaja
los lomos de los libros.

Santificados de amor,
los sembró en manos,
como obleas
en las catedrales puertas.

Mudó de cáscara,
el existir, estar y ser...
de la tierra y de todos los orbes.

Esa fue su puesta de largo.
La novia azul de tinta,
más allá de las comillas.

Contó las lozas del suelo,
los ladrillos y las tejas y los árboles,
de aquel camino largo,
hasta la capilla de los santos apóstoles;
templo, santuario, sagrada palabra,
comunión de esperanzas.

Un río de pléyades guían casi a ciegas
por la yerma distancia,
en vuelo libre de cóndor y águila,
viejos refugios en parques y cerros.

## EXILE of the POETS

Upwelled letters,
chrysanthemums' burial in its lapse
imposed prison of silence.
Remoteness, distance entangled into the shackles,
anklets of steel,
that anchor the existence to continents.

Words; flew and flew,
it sprang from the saliva,
flaunting language and accent,
and walked horizons and paths,
crossed oceans and winds,
taking as a shroud
the spines of books.

Sanctified by love,
she sewed them in the hands,
as wafers
on the cathedral doors.

She changed skin,
existing, be and being...
from earth and all the orbs.

That was its coming-out.
The bride dressed in blue ink
 beyond the quotes.

Counted the floor slabs,
bricks, and tiles, and trees,
of that long road,
up to the chapel of the holy apostles;
temple, shrine, sacred word,
communion of hopes.

A river of Pleiades guiding almost blindly
through the barren distance,
in the free flight of condor and eagle,
old shelters in parks and hills.

Epigrama de una vida
que se dibuja en metáforas.
Sigilosa, espera.
Se hace copa de vino en las bocas,
de aquellos que no prejuzgan...

¿Será acaso carnaza del destino?
Aún no está confirmado el bautizo;
en el agua, ni en la tierra,
ni en el fuego, ni en el aire.

A los desterrados les queda la mar y el cielo.

Y a pesar del destierro,
se pronuncia la mujer creadora.

Epigram of a life
that's drawn in metaphors.
Stealthy, waits.
Transforms into a glass of wine in the mouths,
of those who don't prejudge ...

Could it be destination's bait?
The baptism is not yet confirmed;
in the water, nor the earth,
not in the fire, nor the air.

To the banished sea and sky is only left.

Although the exile,
the creative woman, pronounced.

*El difícil de conseguir la posición inercial y del cero absoluto, puesto que todo el universo está en movimiento, y, el cero en realidad es un concepto virtual que determina una posición o un estado para iniciar, de ahí el conteo. (Principio de Incertidumbre)*
**Werne Karl Heisenberg,** Alemania (1901-1976) **Premio Nobel de Física 1932**

## CERO

Cero,
círculo perfecto
que encierra la nada inquieta.

Cero,
comienzo,
paréntesis,
principio y fin del entero, o, lo eterno.

Cero,
magia de vientre,
halo de estrella,
distancia infinita,
crepúsculo viviente.

Cero,
marcando un punto perfecto,
lápiz perpendicular y quieto,
agujero negro…

Cero,
concepto
del universo.

*It's hard to get the inertial position and absolute zero, since the whole universe is in motion, and, zero is actually a virtual concept that determines a position or state to start, hence the count. (Uncertainty Principle)*
**Heisenberg Karl Werne,** Germany (1901-1976) **Nobel Prize in Physics 1932**

## ZERO

Zero,
perfect circle
enclosing the restlessness of nothing.

Zero,
start,
parentheses,
beginning and end of the whole, or, eternity.

Zero,
magic belly,
halo star,
infinite distance,
living twilight.

Zero,
marking a perfect spot,
perpendicular and still pencil,
black hole ...

Zero,
concept
of the universe.

## HORIZONTE de SUCESOS

Invisible frontera espacio-tiempo;
misterio.

Imaginaria superficie,
envolviendo al agujero negro.

Gravitación intensa;
vacío.

Radiación de "Hawking",
principio de incertidumbre,
fluctuación cuántica,
edad del universo,
Big-Bang.

## EVENT HORIZON

Invisible border space-time;
mystery.

Imaginary surface,
wrapped around the black hole.

Intense Gravitation,
emptiness.

"Hawking's" radiation,
uncertainty principle,
quantum fluctuation,
age of the universe,
Big-Bang.

## PRINCIPIO DE INCERTIDUMBRE

Perturbador sistema,
desempleado concepto físico,
inmensurable limite humano;
ignorancia o interpretación.

Cuestionamiento,
determinismo opuesto,
anti doctrina,
formulación y razonamiento.

Posición de momento lineal inicial.

Variable...

## UNCERTAINTY PRINCIPLE

Disturbing system
unemployed physical concept,
immeasurable human limit
ignorance or interpretation.

Inquiry,
opposite determinism,
anti-doctrine,
formulation and reasoning.

Positional of initial moment.

Variable ...

## ME PREGUNTO...

¿Es acaso la onda que me envuelve, un número de pétalos, un calendario caduco... quien impone el destino de mi suerte?

Acaso;

¿Podré prolongar mi pensamiento multiplicando las cifras infinitas, de una madre, que renuncia a sus costillas, para guisar con besos y recuerdos el recetario de la vida?
¿Seguiré siendo raptada por el toro, o, seré Lilibeth en el paraíso de colores y versos?
¿Habré reencarnado en otros seres, trasmutando esencias y conciencias en la copa mágica celeste?

Ambidiestros son mis pulsos y los ritmos cotidianos, notas sonoras de un piano.
¿Triangularé los números mágicos haciendo pirámides escritas sobre piedras... o el símbolo infinito?
¿Viajaré al pasado conocido, o, seré acaso parte del futuro, siendo sangre negra la que llevan impresas mis letras?

Quisiera hablar con Pitágoras y Newton, con Einstein, Fibonacci, Miguel Ángel, Kepler y Santo Tomás de Aquino. Tener la energía de un toroide, una estructura imantada, el vacío del "cero", el dominio y el poder del "uno", emocionarme con el pensar, el sentir del otro, siendo "dos", crear la " triada" con el espíritu. Las ideas del deber, el poder, el derecho y la libertad en total equilibrio del "cuatro", salud y la "quinta" esencia; una estrella y que Leonardo da Vinci me regalara su diestra. Árbol de la vida con "seis" ramas y con el "siete" dominar el tiempo. Unir los dos ceros en un "ocho", equilibrar la tierra  y tener la sabiduría del "nueve"; entre el corazón, la cabeza y las manos.

Me interrogo, me cuestiono, me pregunto...

**I WONDER ...**

Is it perhaps the wave involves me, a number of petals, an outdated calendar ... who imposes the fate of my destiny?

Perhaps;

Will I be able to extend my thoughts multiplying the infinite numbers, of a mother who gives up her ribs to cook with kisses and memories the recipe of life?
May I go on being abducted by the bull, or be Lilibeth in a paradise of colors and lines?
Shall I be reincarnated in other beings, transmuting essences and consciences in a celestial magic goblet?

Ambidextrous are my pulses and the daily rhythms, sonorous notes of a piano.
May I triangle the magic numbers, go on drawing pyramids written on the stone... or infinity's symbol?
Will I travel to the known past, or perhaps will I be part of the future, being black blood the one that carries imprinted my letters?

I would like to speak with Pythagoras and Newton, Einstein, Fibonacci, Michelangelo, Kepler and St. Thomas Aquinas. Having the energy of a Torus, a magnetic structure, the vacuum of "zero", mastery and power of "one", excited with the thinking, feeling the other, being in "two", create the "triad" in the spirit. The ideas of duty, power, law and liberty in total balance of "four", health in "fifth" essence; the star that Leonardo da Vinci if he gave me with his right hand. Tree of life with "six" branches, and, the "seven" master of time. Join the two zeros in an "eight", balancing the earth, and to have the wisdom of "nine" between the heart, head and hands.

I ask myself, I question, I wonder ...

*Relación entre entropía y la probabilidad termodinámica:* $S = k \cdot \ln \Omega$
**"Teoría de Maxwell- Boltzmann"** Austria (1844) Italia (1906)
*Podemos considerar un idioma como un proceso estocástico* $\{X_i\}$ *de variables aleatorias donde cada una tiene como valor un símbolo del lenguaje. Debido a las características vistas de los lenguajes, y usando la entropía condicionada, podemos decir:*

$$H(X_1, ..., X_n) = H(X_1) + H(X_2/X_1) + H(X_3/X_1, X_2) + ... + H(X_n/X_1, ..., X_n)$$

*"Prediction and entropy of printed Inglés". Bell Syst. Tech. J., 30:50–64, Enero 1951*
**Claude E. Shannon,** Estados Unidos (1916-2001)
**Ingeniero Electrónico y Matemático, Padre de la Teoría de la información**

## FORMULA ENTRÓPICA

Desde la expansión del universo,
desde el orden del Big Bang;
    la fórmula entrópica
    y la flecha del tiempo,
nos llevan hasta los agujeros del caos:
    el negro,
    el de gusano,
encrucijada de presente,
futuro y pasado.

Energía molecular y átomos,
estado termodinámico del gas,
substancia,
    número de micro estados,
logaritmo de probabilidad,
    por la constante de Boltzmann:
uno, coma, ochocientos cinco,
por diez, elevando a la menos veintitrés.

Llegando a los sistemas ...
al sistema de alrededor y aislado,
al sistema de la entropía y el universo.

Y yo, solo quiero vivir
    mirando la línea azul,
    hasta comprender
    que tan sólo soy
    un micro instante de vida
un micro suspiro
de eso...
que estalló hace
trece mil setecientos millones de años.

*Relationship between entropy and thermodynamic probability:* $S = k \cdot \ln \Omega$
**"Theory of Maxwell-Boltzmann"** Austria (1844) Italy (1906)
*We consider a language as a stochastic process* $\{X_i\}$*random variables each having as value a command language. Due to the characteristics views of languages and using the conditional entropy, we can say:*
$$H(X_1, ..., X_n) = H(X_1) + H(X_2/X_1) + H(X_3/X_1, X_2) + ... + H(X_n/X_1, ..., X_n)$$
*"Prediction and entropy of printed Inglés". Bell Syst. J. Tech., 30: 50-64, January 1951*
**Claude E. Shannon,** United States (1916-2001) **(Electronic Engineering and Mathematics, Father of the Theory and information**

## ENTROPIC FORMULA

Since the expansion of the universe,
from the order of the Big Bang;
    the entropic formula
    and the arrow of time,
has lead us to the holes of chaos:
    the black hole,
    the worm hole,
crossroads of the present,
future and past.

Molecular energy and atoms,
thermodynamic state of gas,
substance,
    number of micro states,
logarithm of probability,
    Boltzmann's constant:
one, point, eight hundred and five,
times ten, elevated to minus twenty three.

Reaching the systems ...
to the system of around and isolated,
to entropy's system and the universe.

And I, just want to live
    looking at the blue line,
    till I understand
    that only I'm
    a micro moment of life
a micro sigh
of that ...
that exploded since
thirteen thousand seven hundred million years ago.

**El GIRO DIESTRO de la TIERRA**
detuvo su andar...

Todo se alineó
sobre el horizonte de sucesos;
náyades,
estrellas,
galaxias
y vía láctea.

Se iluminó un instante
abierto el espacio
de un sin tiempo
para empezar un nuevo lapso.

Llovieron luceros en el cielo
lloviznaron perlas blancas,
el mar vestido de fiesta
acompañado por la roja luna
que no puede verte hoy,
porque ya no existe su velo;
lento vuelo,
quietud,
ternuras,
semillas enterradas en osarios.

Nacen o mueren
esos otros soles
en el horizonte del universo.

**RIGHT ROTATION of the EARTH**
stopped it´s path ...

Everything was aligned
on the horizon of events;
naiads,
stars,
galaxies
and Milky Way.

Lit for an instant
opened to space
without a time
to begin a new period.

It rained star lights in the sky
they drizzled white pearls,
the sea dressed in festival,
accompanied by the red moon
that can´t see you today,
because her veil stopped existing;
slow flight,
stillness,
tenderness,
seeds buried in mass graves.

Born or die
those other suns
at the horizon of the universe.

## OJO QUE TODO LO VE

"Horus" mira la verdad;
llave de conocimiento,
comunicación visual.

Energía de Dios,
      sobre el ápice de la pirámide,
      tiempo-espacio reducido,
      pupila del aire.

Esfera,
iris vítreo,
córnea,
retina del camino,
llegar.

Ver al santificado;
      saber estar, ser y vivir.

## ALL-SEEING EYE

"Horus" look at the truth;
key of knowledge,
visual communication.

Power of God
      on the apex of the pyramid,
      space-time low,
      air pupil.

Sphere,
vitreous iris,
corneal,
retina of the path,
to arrive.

See the sanctified;
      know how to be, being and living.

## CAMPANA del TIEMPO...

tañe y tañe,
zumbido y vórtice.
Puente en ocho,
efecto mariposa,
agujero de gusano.
Campo electromagnético,
doblando el espacio tiempo,
en alas de otros universos.
Ojo que todo lo ve, fuente de escuadra y
compás, energía humana, rumbo al mapa celeste,
sonido ultra dimensional, anti gravedad. Sagrado misterio, triangulo,
espejo del cielo.
Apuntado obelisco, los cerebros, con ellos podemos;

imaginar y viajar,
campana del tiempo,
contigo puedo
volar.

## BELL TIME ...

tolls and tolls,
buzz and vortex.
Bridge in eight,
butterfly effect,
wormhole.
Electromagnetic field,
bending space-time,
on wings of other universes.
All-seeing eye, square and source
compass, human energy, toward the sky's map,
ultra dimensional sound and anti-gravity. Sacred mystery, triangle,
mirror of the sky.
Pointed obelisk, brains, with them we can;

imagine and travel,
bell of time,
with you, I can
fly.

**SANTO GRIAL**, cáliz de la última cena, copa
con sangre de Dios, vida eterna,
pan ácimo, vino bendecido,
cuenco,
vientre
eterno,
sabiduría
contenida,
eternidad
vestida de luz, morada del **SER**.

**HOLY GRAIL,** the chalice of the last supper, chalice
with the blood of God, eternal life,
unleavened bread, blessed wine,
bowl,
belly
eternal,
wisdom
contained,
infinity
dressed in light, dwelling of **BEING.**

> *La creencia común de que el Universo posee numerosas civilizaciones avanzadas tecnológicamente, combinada con nuestras observaciones que sugieren todo lo contrario es paradójica sugiriendo que nuestro conocimiento o nuestras observaciones son defectuosas o incompletas.*
> *(Paradoja de Fermi)*
> **Enrico Fermi,** Roma (1901) Chicago (1954) **Premio Nobel de Física**

**VIAJEROS del TIEMPO,**
os convoco:
para nuestra paz;
nos basta el techo,
el pan,
la familia,
y tiempo para amar.

Paz entre los hombres,
sin armas,
sin dolor,
manos unidas
sin mirar atrás.

Queremos campos abiertos,
aguas limpias,
ojos para conocer,
y el significado del cántico infinito.

Viajeros del tiempo,
os convoco:
desde este planeta liquido.

Nostrodamus fue un turista,
lo fue Einstein, y lo fue Planck.

Darnos las claves, del viento del destino,
os pedimos las fórmulas,
para crecer en armonía,
como seres humanos vivos.

> *The common belief that the universe has many technologically advanced civilizations, combined with our observations that suggest otherwise is paradoxical suggesting that our knowledge or our observations are faulty or incomplete. (Fermi Paradox)*
> **Enrico Fermi,** Rome (1901), Chicago (1954) **Nobel Prize in Physics**

**TIME TRAVELERS,**
I summon:
for our peace;
we need only a roof,
bread,
family,
and time for love.

Peace among men,
unarmed,
painless,
joined hands
without looking back.

We want open fields,
clean water,
eyes to see,
and the meaning of an endless song.

Time travelers,
I summon:
from this liquid planet.

Nostradamus was a tourist,
Einstein was, and also Planck.

Give us the keys, to the wind of fate,
we ask the formulas,
to grow in harmony,
as alive human being.

## CÚPULA

Energía contenida,
campana horizontal,
girando al otro lado del espacio;
habitación de los ángeles.

Media esfera giratoria,
pirámide redondeada,
tumbas del conocimiento,
secretos de viejos sabios.

En medio de tu eje
está nuestro cuerpo vital,
llévanos al otro lado
donde está la felicidad.

Allí nadie es ajeno,
no existe ni el mal, ni el bien,
sólo amor iluminado,
comulgar y conciliar.

Paladar de voz anunciada,
cuenco en nuestra mano,
el árbol habitado,
por la estrella de cinco puntas,
dirigidos a tu centro;
allí encontramos los mundos,
los credos y universos.

## DOME

Contained energy,
horizontal bell,
spinning on the other side of space;
angels rooms.

Rotating half sphere,
rounded pyramid,
graves of knowledge,
secrets of ancient sages.

In the middle of your axis
is our living body,
take us across
where happiness lives.

Nobody is an alien,
there is neither wrong, nor good,
only illuminated love,
commune and reconcile.

Palate of announced voice,
bowl in our hand,
the inhabited tree,
by the five pointed star,
targeted at your heart;
there we find the worlds,
the creeds and universes.

**11**

**ONCE**;
dos líneas paralelas,
puente,
camino,
unión,
columnas del templo,
IglesIa.

**11**

**ELEVEN**;
two parallel lines,
bridge,
way,
union,
columns of the temple;
CHurcH.

La puerta
es de oro macizo.

Tiene grabado tu nombre;
tiene muescas, ojal y trabillas.

Usa el camino maestro
te abrirá el horizonte;
del éter, del alma,
del mundo y los universos.

Tú tienes la clave;

Mundos, enigmas,
círculos y esferas,
formas y universos.

Topología de Euler,
Gauss y la geodesia
Arquímedes,
Biblia de Gutemberg.

Invencible espada de luz;
percepción y conocimiento
**LLAVES del MISTERIO.**

The door
is made of solid gold.

It has your name engraved;
nick, buttonhole and belt loops.

Use the master way
it will open the horizon;
ether, soul, the world
and the universe.

You have the key;

Worlds, enigmas,
circles and spheres,
forms and universes.

Euler's topology,
Gauss and geodesy
Archimedes,
Guttenberg's Bible.

The invincible light sword;
perception and knowledge
**WRENCHES of MYSTERY.**

## ÁNGEL

Luz que abriga
el alma,
cobija el sentimiento,
alumbra el pensar,
ilumina el horizonte.

Cáscara de la piel,
gobierno del destino,
puente entre los Dioses,
mensajero del espíritu.

## ANGEL

Light that shelters
the soul,
blankets the feeling,
enlightens the thinking,
illuminates the horizon.

Shell of the skin
government of fate,
bridge between the Gods,
spirit's messenger.

Éstas **TABLILLAS DORADAS**
que se visten de pectoral.

Coronada se ilumina por el paso de la estancia.

Mundos cambiantes… sin estáticos lugares,
sin elixir de eternas juventudes,
dan lustre al camino,
preconiza la trascendencia;
del ahínco, la persistencia, el trabajo, el saber.

Saber; sentir, pensar,
y encontrar los senderos hacía la cumbre.

Aunque apenas se conozca el ápice de la montaña,
y sobre ella habite nuestro espíritu,
alojada sobre la cordillera que vértebra la historia de la vida,
allí, con la memoria del tiempo y el espacio,
materia oscura, que está en todos lados;
navegamos,
pasamos de una orilla a la otra,
por el torrente de la vida.

Hoy, expuesta a la natural conciencia
de tus ojos y tus manos,
pones timón y vela al destino,
e indicas nortes, dónde ambos volaremos.

Comprometida de por vida a seguir,
la crónica del cordel y el trillo;
arando, sobre el campo abierto de los cosmos…
Continuar, peregrinando **HACIA PALACIO.**

These **GOLDEN TABLETS**
that dressed their pectoral.

Crowned, it lights up as it passes through the stage.

Changing worlds ... without static places,
nor elixir of eternal youth,
give luster to the way
advocated transcendence;
of earnest, persistence, work, knowledge.

Know; feel, think,
and find the trails to make the summit.

Although we merely known the top of the mountain,
and over it , habits our spirit,
hosted on the ridge that supports the history of life,
there, with the memory of time and space,
dark matter, which is everywhere;
we sail,
passing from one shore to the other,
by the stream of life.

Today, exposed to natural consciousness
from your eyes and your hands,
you put rudder and sail to destiny,
and indicate north, where we both can fly.

Committed for life to continue,
chronicles of the string and threshing sledge;
plowing, on the open field of cosmos ...
continue, on pilgrimage **TOWARDS PALACE.**

**VISIBLE…**

-¿Sabrán verme algún día?-.
-¿Encontrarán en los trazos y los grafos,
el perfil que dibuja y escribe la historia,
epigramas y memorias en mis versos,
pensamientos moldeados como barro?-.

  Dejaré de ser costilla y sombra de los entes,
     dejaré de amordazar la lengua y las manos,
        dejaré la capa oscura que envuelve,
           para alumbrar estos horizontes que yo abro,
              para convertirme en fiel reflejo de hembra inteligente.

            No doblego mis esquinas a voluntades intransigentes,
          me arrodillo sólo ante el destino que se impone sin reversos,
       y acepto entonces, que aunque soy mortal,
    mi suerte está en tu arbitraje y laudo.
Pasarán los siglos, de los siglos…

y seguiré siendo;
luciérnaga,
colibrí inquieto,
alondra, águila, halcón alado.

## VISIBLE ...

-Maybe they will see me someday?
-Will they find the sketches and graphs,
the profile that draws and the written histories,
epigrams and memories in my verses,
thoughts molded like clay?

      I will stop being rib and shadow of beings,
        I'll stop gagging tongue and hands,
          I'll leave the dark lining around,
            to illuminate these horizons I open,
              to become a true reflection of intelligent female.

        I do not bend my corners for unyielding wills,
        I kneel only to fate imposed without returns,
      and I accept then, that although I´m mortal,
      my destiny is in your arbitration and reward.
    It will take forever, and ever…

and I will remain;
firefly,
restless hummingbird,
lark, eagle, winged hawk.

**TRES**

En tres minutos te di vida,
en tres instantes te di nombre,
las gotas de tus lágrimas, tres,
de un llanto heredado y eterno.

Tres líneas horizontales,
los ecuadores del mundo...
tres besos;
los tres,
de amor y pasión de madre.

**THREE**

In three minutes I gave your life,
in three instants I named you,
the drops of your tears, three,
of an inherited and eternal lament.

Three horizontal lines,
equators of the world ...
three kisses;
the three,
from love and mother's passion.

## OJAL del TIEMPO

Crujen los acordes del ocaso,
filo encorvado del pecho,
sembrada soledad hueca
en el ojal del tiempo.

Sitio intenso del destino,
alma laureada luciendo soles,
girasol inacabado,
eje cóncavo,
agua de mármol;
silencio.

## EYELET TIME

The chords of dawn rattle,
curved edge of the chest,
planted hollow loneliness
in time's eyelet.

Intense site of destiny,
laureate soul wearing suns,
unfinished sunflower,
concave axis,
marble water,
silence.

**Donde FLORECE EL INFINITO,**
donde el arco tuerce su trayecto,
y la llovizna se alianza con la luz.

Del mangle; un templo,
y del río un trayecto,
de las manos seres verdaderos.

Donde la voz, sea canto y no grito,
donde la palabra fuera veraz, pura, sin mentira,
y las lenguas fueran sinfonía en tibio viento.

Del mar, un profundo firmamento,
y de la fuente, el saber de la esencia,
ojos que vean más allá del presente.

Donde el espacio sea sin límites,
donde el horizonte humano se eternice
y abatamos las barreras.

De la nube, el sueño viajero,
y de la calma tras la tormenta
utopía de un nuevo universo.

**Where INFINITY FLOURISHES,**
there the arc twists its way,
and the drizzle allies with light.

Where mangrove; is a temple,
and the river a distance,
by the hands of real beings.

Where voice is song and not lament,
where the word; true, pure, without lie,
and tongues were warm wind's symphony.

Where sea, deep sky,
and power, knowledge of the essence,
eyes to see beyond the present.

Where space is unlimited,
where the human horizon eternizes
and brakes down the barriers.

Where clouds, are traveler's dreams,
and the calm after the storm
utopia of a new universe could be.

## FUGAZ

Parapetada circunstancia inscrita
en la imagen grabada sobre el aire
esbelto, claro y veraz momento,
inclemente transcurre por la historia.

Viajar por la órbita constante,
en el cambio pendular que nos abarca,
perdurar no es argumento de este cuento,
porque todo es humo y viento.

Predecir el futuro no es coherente,
cuando sólo vemos
el instante a ciegas del contexto,
y no queda nada, nada quieto.

La vida es un respiro milimétrico,
sumados los pálpitos del cosmos,
y el viaje consiente es una micra,
que no tocamos, ni vemos, ni sentimos.

**FLEETING**

Sheltered registered circumstance
in the image recoded over the air
slender, clear and truthful moment,
inclement runs through history.

Travelling by constant orbit,
in the pendulum change covering us,
to endure is not an argument in this story
because everything is smoke and wind.

Predicting the future is not consistent,
when we only see
blindly the context's instant,
and there is nothing, nothing still.

Life is a millimeter breath,
combined the hunches of the cosmos,
and the conscious trip is one micron,
that we cannot touch, nor see, or feel.

## BURBUJA

Soy burbuja, aliento,
y cristal de fuego,
copa al rojo vivo,
en tu boca, temple,
cántaro de arena,
oro de mi sangre,
gira mi talle,
blanda luz y prisma,
aristas de cuarzo,
rosa del desierto,
mano suave y fuerte,
un soplo exhalado.

## BUBBLE

I am bubble, breath,
glass and fire,
red hot vessel,
in your mouth, temple,
jar of sand,
gold in my blood,
turning my waist,
weak light and prism,
quartz edges,
desert rose,
soft and strong hand,
a breath exhaled.

*Llama la atención que el campo de Higgs recuerda en muchos aspectos a la hipótesis del éter (un fluido ultra elástico e imponderable que se encontraría en todo el universo) la cual fue descartada por Einstein a inicios de siglo XX con la teoría de la relatividad*
**Peter Higgs,** New Castle, Reino Unido (1929 – ) **Físico**

## CAMPO de HIGGS

En un regreso al pasado,
las ondas de tiempos reversos;
ciencia y misterio,
colisionan en "Big-Bang".

Partículas del campo
ojos que ven la invisible masa
cuatro fuerzas aceleradas
oscuridad del universo

Experimento en el Atlas,
detector y medición,
energía en colisión,
partículas del átomo.

En un regreso al pasado,
damos salto hacia el futuro,
rompiendo simetrías,
materia y antimateria.

Rayos cósmicos,
soles inventados,
simetrías quebradas,
los giga electro voltios,
dimensión tecnicolor.

No existe ayer y mañana,
sólo el principio del hoy,
conductor del límite estándar,
abriendo la puerta de Dios.

> *It is noteworthy that the Higgs field recalls in many respects to the hypothesis of ether (one imponderable fluid ultra elastic be found throughout the universe) which was discarded by Einstein in the early twentieth century with the theory of relativity.*
> **Peter Higgs,** New Castle, United Kingdom (1929-) **Physicist**

## HIGGS FIELD

In a return to the past,
the waves of reversed times;
science and mystery,
collide in "Big-Bang".

Particle field
eyes that see the invisible mass,
accelerated four forces,
darkness of the universe.

Atlas experiment,
and measuring detector,
collision energy,
particles of the atom.

In a return to the past,
we leap into the future,
breaking symmetry,
matter and antimatter.

Cosmic rays,
invented suns,
broken symmetries,
giga electro volts,
technicolor dimension.

There is no yesterday nor tomorrow,
only the beginning of today,
standard limit's driver,
opening the door to God.

## FUEGO y PASIÓN

Voz de fuego, chispeante en las pupilas
canto abierto del agua en la piedra
fuente de lava de erupción interna
polvo y arena jugando con el aire.

Tierra empapada de hojas secas
coloreado paisajes otoñales,
prismas de montañas,
cristales de la playa con luz de velas.

Recorrer hemisferios ecuatoriales
migratoria alma de océanos
piramidales formas en las manos
orando al celeste eterno.

Plegaria abierta es el canto
plegaria triste es el viento
canto cavernario con su eco
rezo chamánico de fuego.

**FIRE and PASSION**

Voice of fire, sparkling in the eyes,
opened vessel of water in the stone,
lava fountain's internal eruption,
dirt and sand playing with air.

Earth soaked by dried leaves
color autumn's landscapes,
prisms of mountains,
crystals from the beach with candle lights.

To walk equatorial hemispheres,
migratory ocean soul,
pyramidal shapes of hands,
praying to the celestial eternity.

Open prayer is the song
a sad prayer is the wind
cave song with its echo
shamanic supplication of fire.

## CASA

Tierra negra mezclada con el ocre
tierra roja de un desierto
arena blanca;
        sal y silencio,
cuenco de fuego, luz y viento.

Tierra dulce de miel blandida
barro esculpido con signos y letras
libro de historias escritas en piedras
tejidos de hilos, códices indios.

Tierra pisada de la casa,
bahareque estirado su esqueleto,
cañizo en varas y maderos
el rincón de la gruta adormece.

Puerta de vida elevada
ventana lunar hacia el cielo
sudan las paredes su universo,
allí se amasa el viento de lo eterno.

## HOUSE

Top soil mixed with ocher,
red earth of a desert,
white sand;
        salt and silence,
bowl of fire, light and wind.

Sweet land of brandished honey,
clay sculpted with signs and letters
story books written in stones,
yarn fabric's webs, Indian codex.

Stomped soil of the house
adobe abode stuck-up, stretching its skeleton,
reed in rods and wooden beams,
dulls the senses at the corner of the cave.

Door of high life,
lunar window up to the sky,
walls sweat their universe,
there, the wind of eternity is kneaded.

## ESPACIO OSCURO

Espacio oscuro e inmenso,
un lugar de nada y todo,
disfrazado con estrellas en su capa,
el éter se mantiene vivo.

Allí, la luz viaja libre,
allí, habita el polvo de la tierra,
allí, transita la molécula del agua,
que se posa en mares celestes.

Regresa el tiempo de su tiempo,
en la campana eterna de su canto,
concierto de voz acantilada,
más allá de todos los universos.

## DARK SPACE

Immense dark space,
place of anything and everything,
disguised with stars in its cloak,
where ether remains alive.

There, light travels freely,
there, dwells the dust of earth,
there, the water's molecule transits
and stands on celestial seas.

Returns the time of its time,
in the eternal bell of its song,
steep voice's concert
beyond all universes.

## AGUA

Gotas que caminan senderos,
surcos en infiernos de la tierra,
vapor de los bosques de niebla,
elevándose en el aire y el viento.

Limpia las almas con sus cantos,
libera llantos sobre el suelo,
golpea cristales cual campanas,
tintinea sobre charcas y los lagos.

La serpiente azul revolotea,
el ave despliega sus alas,
y nace el río en el nevero,
arriba en la cumbre y la montaña.

Allí veo, el otro lado del hielo,
los copos de nieve
en las líneas de las manos,
donde se deshacen,
en pequeñas gotas de rocío.

## WATER

Drops walking trails,
furrows on earth's hells,
vapor of cloud forests,
rising into the air and the wind.

It cleans souls with their songs
releases cries over the soil,
strikes crystals as bells,
tinkling on ponds and lakes.

Blue snake flits,
the bird deploys its wings,
the river is born from a snowfield,
up in mountain peaks.

There I see, the other side of the ice,
snowflakes over the lines of hands,
where they break up
in small dewdrops.

**SOY** la efímera voz acantilada
de unos versos olvidados en el cosmos,
  siendo luna elevada sobre el norte,
  siendo sol de un sur occidentado.

Soy viento de poniente
que de la mar trae caracolas en su aliento,
  eco de olas adormecidas en orillas,
  rumor de algas y sirenas.

Soy lejano trueno que retumba en las conciencias
de aquellas travestidas máscaras superpuestas,
  canto curvilíneo de la esfera que me habita,
  esfera cantando entre las masas.

Soy la palma abierta que golpea corazones
tocando la vida entre los dedos,
  siendo cuna, cama y seno,
  siendo madre y hermana,
  siendo luz y voz efímera que al cielo eleva versos.

Soy la noche en la mirada de un felino
cuyos pasos dan curso a los besos,
  regazo de anciana,
  niña ovillando juegos.

Soy el día escapado de las horas,
cuyo calendario es mudo y perpetuo,
  espacio y éter elevado,
  galaxia de pensamientos.

Soy molécula de agua en los labios,
empapada de dulzor casi amargo,
  catalejo asombrado,
  bandera de los otros universos.

Soy la sombra de una estrella enana
engullida por el agujero negro,
  bruma de la estancia,
  el recuerdo del espejo.

**I AM** ephemeral steeped voice,
of forgotten verses in cosmos,
   being high moon of the north,
   being southern lost sun.

I'm western wind,
who brings shells in the breath of the sea,
   the echo of sleeping waves at the sands,
   murmur of seaweeds and mermaids.

I'm distant thunder rumbling in the conscience,
of those superposed transvestite masks,
   song of the edge of the sphere that inhabits me,
   singing sphere amongst masses.

I'm the open hand that hits the hearts,
touching life between its fingers,
   being cot, bed and breast,
   being mother and sister,
   being light, ephemeral voice who rises verses to heaven.

I'm the night in the eyes of a feline,
whose silent steps give course to kisses,
   old woman's lap,
   girl that plays curling wool laces.

I'm the day skipped from the hours,
whose calendar is mute and perpetual,
   space and elevated ether,
   galaxy of thoughts.

I'm water's molecule on lips
sweetness soaked almost bitter,
   spyglass amazed,
   flag of other universes.

I'm the shadow of a dwarf star,
swallowed by the black hole,
   haze of a room,
   memory of mirror.

Soy dinámico vuelo con almíbar en la lengua
revoloteando floridos continentes,
   cordillera espinal de un alma invisible,
   río serpenteante en la llanura.

Soy el libro de los pasos dibujados,
mapa encriptado en las palabras,
   siendo rumbo y camino aventurado,
   siendo azar de la incertidumbre del destino.

I'm dynamic flight with syrup on the tongue,
flitting flowery continents,
   spinal range of invisible soul,
    meandering river in the plain.

I am the book of the drawn steps,
map encrypted in the words,
   way and street in adventurous path,
    random of uncertain fate.

## $C_6H_{12}O_6$

## MOLÉCULA de AZUCAR

Hay una molécula que a los niños fascina,
cruje el cristal derretido en la lengua,
formas y colores son ilusiones comestibles.
las llaman "chuchees" en la tienda.

Fuente de energía e inteligencia
en el laboratorio de los cuerpos.

Los besos son muchos más sabrosos
si saben a dulce, a caramelos.

Azúcar,
invocada la revoltosa...

Negra azúcar,
para todos
en las manos y en los pies... en la cintura.

Merengue oxigenado de carbón y aire,
nube de gelatina,
globo orbitando entre los dientes,
algodón rizado,
helado,

No, no quiero hacer dieta alcalina.

## $C_6H_{12}O_6$

## SUGAR MOLECULE

There is a molecule that fascinates children,
rustles the crystals melted on the tongue,
shapes and colors are edible illusions,
call them "candies" in the store.

Source of energy and intelligence,
in bodies' laboratory.

Kisses are much more tasty,
if they are sweets caramels.

Sugar,
invoke the unruly ...

Brown sugar,
for all
hands and feet ... and waist.

Meringue oxygenated coal and air,
gelatin cloud,
balloon orbiting between teeth,
curly cotton,
ice cream.

No, I don´t want to do the alkaline diet.

*"Mi capullo aprieta, los colores se burlan, estoy sintiendo el aire;*
*la debilidad de mis alas, degradan el vestido que llevo"*
(El tiempo y la eternidad)
**Emily Dickenson,** EEUU (1830 -1886)

## POESÍA

Revolcado el aire aparece,
quieto espera el rayo y el trueno,
se asoma el aire atormentado,
moviéndose despacio casi quieto.

Llega la gris nube como anuncio,
llega con su fuente retenida,
gotas cristalinas, granizo y hielo.

Avanza en el crepito de un grito,
distrae el vuelo elevado,
enrosca su horizonte de sucesos,
en la gran caracola del tiempo.

Amante del fuego cuyo baile,
acaricia el aire, susurra al oído
trae el canto con sus versos.

> *"My cocoon tightens, colors tease, I'm feeling for the air;*
> *a dim capacity for wings degrades the dress I wear"*
> (Time and Eternity)
> **Emily Dickenson** , USA, (1830-1886)

## POETRY

Wallowed air appears,
quiet waits for lighting and thunder,
the tormented air pokes out
moving slowly almost quiet.

Grey cloud arrives as in advertisement,
it brings retained fountains,
crystal drops, hail and ice.

Advances in crackled cry,
distracting and flying high,
twists its horizon of successes
in the great shell of time.

Fire lovers whose dance
the air caress, whispers in the ear,
brings the song with its verses.

*"La magia es un puente que te permite ir del mundo visible hacia el invisible.
Y aprender las lecciones de ambos mundos."*
**Paulo Coelho,** Brasil (1947- ) **Escritor**

## SONETO MÁGICO

Recetas mágicas entre conceptos,
almas; son verbos y matemáticas,
valores y principios armónicas,
invisibles planos, lazos de vientos.

Horizontes del pensar los preceptos,
hacer del orbe; iglesia y basílicas,
rituales diurnos en las gramáticas
atando los tiempos a los exceptos.

Realidad unificando sueños,
efímeros pensamientos reversos;
algebras y verbos, los cuerpos y almas.

Sólo viviendo seremos los dueños,
creando desde los planos inversos,
nuestras mentes serán nuevas y calmas.

> *"Magic is a bridge that allows you to go from the visible to the invisible world. And learn the lessons of both worlds."*
> **Paulo Coelho,** Brazil (1947 - ) **Writer**

## MAGIC

Magic bullets between concepts,
souls; are verbs and mathematics;
values, principles, harmonics
invisible planes, threads of wind.

Horizons of thinking the precepts,
make from orb, the churches and cathedrals,
in grammar's daily rituals,
tying those accepted constants.

Reality unifying dreams,
ephemeral reversed thoughts;
algebras, verbs, bodies and souls.

Only by living we will be owners,
creating from inverse planes,
our minds will be new and calm.

**POEMAS CORTOS/SHORT POEMS**

La **ETERNIDAD**
a la vuelta de la esquina,
noción esotérica revelada,
dulce locura de los poetas,
ráfagas de lucidez.

> **ETERNITY**
> just around the corner,
> esoteric notion revealed,
> sweet madness of poets,
> gusts of lucidity.

En armónica entropía de unos versos,
pensamiento sustraído
del paradójico tiempo;
tejidas las palabras a sus tramas,
justifican las **MUSAS** al sujeto.

> In harmonic entropy of some verses,
> subtracted thought
> of paradoxical time;
> words woven in their weft,
> the **MUSES** justify the subject.

Acaricio el instante,
el **ESPACIO**.

El color y la palabra,
son mi vida,
el aire y la luz
que se me empeña desde niña,
en el rumbo de mi margen
como insólito destino.

> I cherish the moment
> the **SPACE.**
>
> Color and word,
> are my life,
> air and light
> which insists since childhood,
> in the course of my margin
> as unusual fate.

Las piedra de los **SIGLOS**
cruzan horizontes
en los cosmos.

Cae la pluma de este instante
entre el caracol pequeño de tu oído.

> The rock of **AGES**
> crosses horizons
> in the cosmos.
>
> Feather falls of this instant
> into the little snail of your ear.

## GÉNESIS

Origen natural de la existencia,
promesa, elección y alianza,
historia creada desde el edén,
alegórica creación de EVA,
particular nación del éxodo,
errante del espíritu,
costilla reina de la Kábala,
universal historia de la tierra,
prólogo de vida,
Biblia de las lenguas.

> ## GENESIS
>
> Natural origin of life,
> promise, choice and alliance,
> story created since eden,
> allegorical creation of EVE,
> particular nation of exodus,
> wandering nomadic spirit,
> rib queen of Kabbalah,
> universal history of the earth,
> foreword of life,
> Bible of languages.

## HOLOGRAMA DE NEWTON

Visión copiada en la pared del agujero,
proyección de información atómica,
bidimensional imagen externa,
y tridimensional superficie curva.
¿La estructura del cosmos se resuelve
creando hologramas del espacio y el tiempo?

## NEWTON´S HOLOGRAM

Copied vision on the hole's wall,
projection of atomic information,
bi-dimensional external image,
and three-dimensional curved surface.
Is the structure of the cosmos resolved
by creating holograms of space and time?


Es la voz,
el ritmo de la historia,
la mezcla de las sangres,
con un punto marcado entre sus claves,
dibujado **PENTAGRAMA**
de sus líneas paralelas.

It´s the voice,
the rhythm of the story,
mixed bloods,
with a point marked between keys,
**PENTAGRAM** drawn
of its parallel lines.

Gira la energía de su baile,
en los versos del caos me armonizo,
como gota de agua,
como un océano,
como ascua azul
de fuego.

Me hago humo y **ME ELEVO.**

Energy turning, dancing,
in the verses of chaos I harmonize,
like drops of water,
like an ocean,
like blue ash
of fire.

I am smoke and **I RAISE.**

**ENERGÍA OSCURA**

Cartografiada red de filamentos,
cúmulo de estrellas y galaxias,
difuso y extraño del espacio,
masa no visible,
incógnito setenta y dos por ciento
de los doblados e incontables universos.

**DARK ENERGY**

Mapped network of filaments,
cluster of stars and galaxies,
diffuse and strange space,
no visible mass,
incognito seventy two percent
of the bent and countless universes.

# Contents

- PRÓLOGO .................................................................................................. viii
    - PROLOGE ............................................................................................. ix
- POÉTICA ...................................................................................................... x
    - POETICS ................................................................................................ xi
- POEMAS / POEMS ................................................................................... xv
    - INSTANTE ............................................................................................ 17
        - INSTANTLY ................................................................................... 17
    - ENTROPÍA MÉTRICA DEL BRÓCOLI ................................................. 18
        - METRIC ENTROPY OF BROCCOLI .............................................. 19
    - DODECAEDRO ..................................................................................... 20
    - PROPORCIÓN AUREA ......................................................................... 22
        - GOLDEN RATIO ............................................................................ 23
    - NÚMEROS PRIMOS ............................................................................. 26
        - PRIME NUMBERS ......................................................................... 27
    - ESFERA INVADIDA .............................................................................. 28
        - SPHERE INVADED ........................................................................ 29
    - VOCES en ARCO .................................................................................. 30
        - ARC VOICES .................................................................................. 31
    - SOMOS ALGEBRA ............................................................................... 32
        - WE are ALGEBRA .......................................................................... 33
    - RELATIVIDAD ....................................................................................... 34
        - RELATIVITY ................................................................................... 35
    - RESPIRAMOS ....................................................................................... 36
        - WE BREATHE ................................................................................ 37
    - CAMPOS AKÁSICOS ............................................................................ 38
        - AKASHIC FIELD ............................................................................ 39
    - SOMBRA AÑIL ...................................................................................... 40
        - INDIGO SHADOW ........................................................................ 41
    - 6,022212 × 1023 .................................................................................. 42

| | |
|---|---|
| 6,022212 × 10²³ | 43 |
| BOSÓN de HIGGS | 44 |
|     HIGGS BOSON | 45 |
| ALUMBRADA IDEA | 48 |
|     LIGHTED IDEA | 49 |
| RELOJ | 50 |
|     CLOCK | 51 |
| MATEMÁTICAS CHINAS | 52 |
|     CHINESE MATHEMATICS | 53 |
| VIAJE | 54 |
|     TRIP | 55 |
| INVISIBLE | 56 |
|     INVISIBLE | 57 |
| MATEMÁTICAS INDIAS | 58 |
|     INDIAN MATHEMATICS | 59 |
| PRINCIPIOS y FINES | 60 |
|     PRINCIPLES and PURPOSES | 61 |
| ANTIENTROPIA ( I ) | 64 |
|     ANTI-ENTROPY (I) | 65 |
| ACASO el SILENCIO | 66 |
|     PERHAPS the SILENCE | 67 |
| TIEMPO UNIVERSAL COORDINADO | 68 |
|     COORDINATED UNIVERSAL TIME | 69 |
| ESPASMO y SILENCIO. | 70 |
|     SPASM and SILENCE. | 71 |
| GEOMETRÍAS COTIDIANAS | 72 |
|     DAILY GEOMETRY | 73 |
| EXISTO | 76 |
|     EXIST | 77 |
| MUJERES | 78 |

| | |
|---|---|
| WOMEN | 79 |
| TEORÍA de CUERDAS | 80 |
|    STRING THEORY | 81 |
| CIENCIA y ESPÍRITU | 82 |
|    SCIENCE and SPIRIT | 83 |
| INFINITUD | 84 |
|    INFINITUDE | 85 |
| ORIGAMI | 88 |
|    ORIGAMI | 89 |
| ARCA DE NOÉ | 90 |
|    NOAH'S ARK | 91 |
| Teoría del CAOS, | 92 |
|    CHAOS Theory, | 93 |
| FRACTAL | 94 |
|    FRACTAL | 95 |
| Quedamos en la MEMORIA DEL ÉTER | 96 |
|    We are in the MEMORY OF ETHER | 97 |
| TELA de ARAÑA | 98 |
|    SPIDER WEB | 99 |
| FLOR de LOTO | 100 |
|    LOTUS FLOWER | 101 |
| Intrincado PAISAJE, | 102 |
|    Intricate LANDSCAPE, | 103 |
| DESAMBIGUACIÓN | 104 |
|    DISAMBIGUATION | 105 |
| MEMBRANAS dibujadas | 106 |
|    Drawn MEMBRANES | 107 |
| SER | 110 |
|    BEING | 111 |
| LIBROS OLVIDADOS | 112 |

**FORGOTTEN BOOKS** ...................................................................................113

**FAZ** que traspasa el espejo, ....................................................................114

    **MASK** crosses the mirror, ...............................................................115

**TRISTE** soledad .........................................................................................116

    **SAD** loneliness ..................................................................................117

**DESPIERTA** de los años, ..........................................................................118

    **AWAKENS** from years, .....................................................................119

**HOLOCAUSTO de POETAS** ......................................................................120

    **POETS HOLOCAUST** .........................................................................121

**EN LA LENGUA** .........................................................................................122

    **IN THE TONGUE** ...............................................................................123

Se Desvistió el **ÁLMEZ** de su oro ............................................................124

    **HACKBERRY** stripped of its gold .....................................................125

**CONVOCAR** a los espíritus ......................................................................126

    **CONVENE** the spirits ........................................................................127

**ASENTAR** el espíritu .................................................................................128

    **SETTLE** spirit ......................................................................................129

Abierto **TEMPLO** de los espíritus .............................................................130

    Open **THE TEMPLE** of Spirits ............................................................131

**VENERAR** .................................................................................................132

    **VENERATE** .........................................................................................133

**MÁS ALLÁ** ................................................................................................134

    **BEYOND** ............................................................................................135

**SÓLO** el amor divino ................................................................................136

    **ONLY** the divine love ........................................................................137

En un **ÉXTASIS** ..........................................................................................138

    In a **ECSTASY** .....................................................................................139

**CALENDARIOS** .........................................................................................140

    **CALENDARS** ......................................................................................141

El **DESTIERRO** de los **POETAS** ................................................................142

EXILE of the POETS ............... 143
CERO ............... 146
    ZERO ............... 147
HORIZONTE de SUCESOS ............... 148
    EVENT HORIZON ............... 149
PRINCIPIO DE INCERTIDUMBRE ............... 150
    UNCERTAINTY PRINCIPLE ............... 151
ME PREGUNTO… ............... 152
    I WONDER ............... 153
FORMULA ENTRÓPICA ............... 154
    ENTROPIC FORMULA ............... 155
El GIRO DIESTRO de la TIERRA ............... 156
    RIGHT ROTATION of the EARTH ............... 157
OJO QUE TODO LO VE ............... 158
    ALL-SEEING EYE ............... 159
CAMPANA del TIEMPO… ............... 160
    BELL TIME … ............... 161
SANTO GRIAL, cáliz de la última cena, copa ............... 162
    HOLY GRAIL, the chalice of the last supper, chalice ............... 163
VIAJEROS del TIEMPO, ............... 164
    TIME TRAVELERS, ............... 165
CÚPULA ............... 166
    DOME ............... 167
ONCE; ............... 168
    ELEVEN; ............... 169
LLAVES del MISTERIO. ............... 170
    WRENCHES of MYSTERY ............... 171
ÁNGEL ............... 172
    ANGEL ............... 173
Éstas **TABLILLAS DORADAS** ............... 174

These **GOLDEN TABLETS** .................................................................................175
**VISIBLE**...................................................................................................176
    **VISIBLE** ...............................................................................................177
**TRES** .......................................................................................................178
    **THREE**.................................................................................................179
**OJAL del TIEMPO** ...................................................................................180
    **EYELET TIME** ......................................................................................181
Donde **FLORECE EL INFINITO,**................................................................182
    Where **INFINITY FLOURISHES,** ............................................................183
**FUGAZ**....................................................................................................184
    **FLEETING** ...........................................................................................185
**BURBUJA** ..............................................................................................186
    **BUBBLE** .............................................................................................187
**CAMPO de HIGGS** .................................................................................188
    **HIGGS FIELD** ......................................................................................189
**FUEGO y PASIÓN** ..................................................................................190
    **FIRE and PASSION**..............................................................................191
**CASA** .....................................................................................................192
    **HOUSE** ...............................................................................................193
**ESPACIO OSCURO** .................................................................................194
    **DARK SPACE**......................................................................................195
**AGUA** ....................................................................................................196
    **WATER** ..............................................................................................197
**SOY** la efímera voz acantilada................................................................198
    **I AM** ephemeral steeped voice, ..........................................................199
$C_6H_{12}O_6$ ......................................................................................................202
    $C_6H_{12}O_6$ ..................................................................................................203
**POESÍA** ..................................................................................................204
    **POETRY** .............................................................................................205
**SONETO MÁGICO** .................................................................................206

| | |
|---|---|
| **MAGIC** | 207 |
| **POEMAS CORTOS/SHORT POEMS** | 209 |
| La **ETERNIDAD** | 210 |
| **ETERNITY** | 210 |
| justifican las **MUSAS** al sujeto | 210 |
| the **MUSES** justify the subject. | 210 |
| el **ESPACIO**. | 210 |
| the **SPACE**. | 210 |
| Las piedra de los **SIGLOS** | 211 |
| The rock of **AGES**. | 211 |
| **GÉNESIS** | 211 |
| **GENESIS** | 211 |
| **HOLOGRAMA DE NEWTON** | 212 |
| **NEWTON´S HOLOGRAM** | 212 |
| dibujado **PENTAGRAMA** | 212 |
| **PENTAGRAM** drawn | 212 |
| Me hago humo y **ME ELEVO**. | 213 |
| I am smoke and **I RAISE**. | 213 |
| **ENERGÍA OSCURA** | 213 |
| **DARK ENERGY** | 213 |

# ABOUT THE AUTHOR

**IVONNE SÁNCHEZ BAREA**
www.ivonne-art.com
(1955) Nueva York, Estados Unidos y vive en España.
Poeta, Pintora y Escultora. Estudia en Colombia, Francia y España. Miembro fundadora y participante en Grupos y Asociaciones Culturales. Artista plástica multidisciplinar y versátil, cuenta con múltiples exposiciones. Primer premio en la disciplina de escultura, concedido por la Casa del Príncipe de Asturias de Madrid, 1991. Su obra artística ha sido expuesta en: Museo de Arte Contemporáneo de Guatemala, Art-Event - Lille-Francia, Planetario de Bogotá, entre otras. Instituciones Oficiales y privadas en España y más de diez países, cuentan con su obra dentro de sus colecciones y catálogos. Invitada, ha participado en Festivales Internacionales de Poesía en, España, México, Colombia, Cuba y Rumania. Sus poemas estén traducidos y publicados en cinco idiomas: Inglés, Francés, Alemán, Portugués, Rumano y Italiano.
Premios: Mujeres Poetas Internacional (2010), Postulada a 1º Premio Internacional Curtea de Arges, Rumania (2013). 1º Premio Internacional de Poesía en Español, Academia Il Convivio, Messina-Italia y Premio la Lira de Oro, Bitola, Macedonia en 2014 Finalista en certámenes poéticos en España y Estados Unidos.
Publicada en medio centenar de antologías poéticas en España y en América. Incluidos sus artículos y ensayos en publicaciones Académicas, en revistas culturales, literarias y científicas. Siete poemarios publicados en España.
LIBROS:
Umbrales (1984) - Lo que las Flores confiesan (1994) - Un Todo (2006) - Poemas Hilvanados (2009)- Palpar - Piel Abierta (2010) - Cosmos Cuántico – Campos Akásicos (2011) - Entropía versus Armonía – Memoria del Éter (2013)

**IVONNE SÁNCHEZ BAREA**
www.ivonne-art.com
(1955) New York, United States and lives in Spain.
Poet, painter and sculptor. Study in Colombia, France and Spain.
Founding member and participant in Cultural Associations Groups. Multidisciplinary and versatile artist, has multiple exposures. 1st Award in the discipline of sculpture, awarded by the House of the Prince of Asturias of Madrid, 1991. Her artwork has been exhibited in: Museum of Contemporary Art in Guatemala, Art-Event - Lille-France, Bogota Planetarium, among others. Official and private institutions in Spain and more than ten countries have her work within their collections and catalogs. Invited, has participated in International Poetry Festivals; Spain, Mexico, Colombia, Cuba and Romania. Her poems are translated and published in five languages: English, French, German, Portuguese, Romanian and Italian.
Awards: Women Poets International (2010) Nominated for 1st Award International Curtea de Arges-Romania(2013). 1st International Poetry Award in Spanish Language, Il Convivio Academy, Messina-Italy and International Poetry Award The Golden Lira, Bitola, Macedonia in 2014. Finalist in poetry competitions in Spain and the United States.
Published in fifty anthologies in Spain and in America. Including Articles and essays Academic publications, cultural, literary and scientific journals. Seven poetry books published in Spain.
BOOKS:
Thresholds (1984) - The Flowers confess (1994) - An All (2006) - Sewn Poems (2009) - Probe - Open Skin (2010) - Cosmos Quantum - Akashic Campos (2011) - Entropy versus Harmony - Memory of Ether (2013)

# ABOUT THE BOOK

When I met Ivonne Sánchez Barea twelve years ago, I knew that she had a gift to express our world in a language that opens our eyes to a new majesty, wonder and beauty of God's creations.
Her writings and poems inspire inquisitiveness and reflection. Just as a new bloom opens its petals with fragrance and perfection Ivonne's poems blossom with originality and inventiveness.
Each writing is a journey into the expanse of the universe of our mind…our spirit…our heart. It is a pleasure to read her writings…to explore the depth of her words…to discover messages.
It has been a gift, a privilege and an act of love to ponder the messages that each poem presents.
Embrace this book of poems as a doorway to add new beauty, freshness and enlightenment into your life.
**Kitty Henson**
Raleigh North Carolina United States of America

Cuando conocí a Ivonne Sánchez Barea hace doce años yo sabía que ella tenía un regalo para expresar a nuestro mundo en un idioma que abre los ojos a una nueva majestad, la maravilla y la belleza de las creaciones de Dios.
Sus escritos y poemas inspiran curiosidad y la reflexión. Así como una nueva flor abre sus pétalos con la fragancia y la perfección, los poemas de Ivonne florecen con originalidad e inventiva.
Cada escrito es un viaje a la extensión del universo de nuestra mente … nuestro espíritu … nuestro corazón. Es un placer leer sus escritos … explorar la profundidad de sus palabras … y descubrir mensajes.
Ha sido un regalo, un privilegio y un acto de amor para reflexionar sobre los mensajes que cada poema presenta.
Abrazar este libro de poemas es como abrir una puerta para añadir nueva belleza, frescura e iluminación a la vida.
**Kitty Henson**
Raleigh Carolina del Norte, Estados Unidos de América

This book is an exploration into the magic of everything; a commentary and what we know and what we feel, experience and think.
Este libro es una exploración dentro de la magia del todo; un comentario de lo que sabemos y sentimos, experimentamos y pensamos.
**Miguel Lopez Lemus**
Chicago, Illinois

COVER ART /CARÁTULA

Serial: Cosmos 2006 - Title: "Prodigy Child" (Fragment) Acuarella
Serie: Cosmos 2006 Título: "Niño Prodigio" (Fragmento) Acuarela
Copyright © Ivonne Sánchez Barea
http://www.ivonne-art.com
ivonne.sanchez.barea@gmail.com

## PUBLISHER

**Pandora lobo estepario Productions**
http://www.loboestepario.com/press
Chicago

www.ingramcontent.com/pod-product-compliance
Lightning Source LLC
Chambersburg PA
CBHW051823090426
42736CB00011B/1615